中华青少年科学文化博览丛书·环保卷 >>>

U0302593

图说人类危机之温室效应>>>

中华青少年科学文化博览丛书·环保卷

图说人类危机之温室效应

TUSHUO
RENLEI WEIJI ZHI
WENSHI XIAOYING

吉林出版集团有限责任公司 | 全国百佳图书出版单位

前 言

　　人类生活在地球上已经几百万年，但并不是一帆风顺，虽然人类社会经济的发展，越来越多的危机到威胁到人类生存，全球变暖、臭氧层破坏、酸雨、淡水资源危机、能源短缺、森林资源锐减、土地荒漠化、物种加速灭绝、垃圾成灾、有毒化学品污染等众多方面。

　　近100多年来，全球气温在明显上升，导致全球变暖的主要原因是人类在近一个世纪以来大量使用矿物燃料，排放出大量的二氧化碳等多种温室气体。

　　由于这些温室气体对来自太阳辐射的短波具有高度的透过性，而对地球反射出来的长波辐射具有高度的吸收性，也就是常说的"温室效应"，导致全球气候变暖。

　　全球变暖的后果，会使全球降水量重新分配，冰川和冻土消融，海平面上升等，既危害自然生态系统的平衡，更威胁人类的食物供应和居住环境。

　　臭氧层的破坏也是导致温室效应的重要原因，臭氧含具有强烈的吸收紫外线的功能，因此，它能挡住太阳紫外辐射对地球生物的伤害，保护地球上的一切生命。

　　然而，人类生产和生活所排放出的一些污染物，如冰箱空调等设备制冷剂的氟氯烃类化合物以及其他用途的氟溴烃类等化合物，使它们受到紫外线的照射后可被激化成为氧分子，这种作用连锁般地发生，臭氧迅速耗减，使臭氧层遭到破坏。南极的臭氧层空洞，就是臭氧层破坏的一个最显著的标志。

　　而二氧化硫的肆意排放更是让全球酸雨肆虐，全球受酸雨危害严重的有欧洲、北美及东亚地区。随着地球上人口的激增，生产迅速发展，水已经变得比以往任何时候都要珍贵。

　　一些河流和湖泊的枯竭，地下水的耗尽和湿地的消失，不仅给人类生存带来严重威胁，而且许多生物也正随着人类生产和生活造成的河流改道、湿地干化和生态环境恶化而灭绝。不少大河，如美国的科罗拉多河、中国的黄河都已雄风不再，昔日"奔流到海不复回"的壮丽景象已成为历史的记忆了。

　　地球上曾经有76亿公顷的森林，森林起到调节气候、温度和湿度的作用，但是到本世纪时下降为55亿公顷。

　　由于世界人口的增长，对耕地、牧场、木材的需求量日益增加，导致对森林的过度采伐和开垦，使森林受到前所未有的破坏。

　　科学家预测：如果地球表面温度的升高按现在的速度继续发展，到2050年全球温度将上升2至4摄氏度，南北极地冰山将大幅度融化，导致海平面大大上升，一些岛屿国家和沿海城市将淹于水中，其中包括几个著名的国际大城市：纽约，上海，东京和悉尼。

　　本书介绍了温室效应的形成与影响，其危害令人震惊，值得引起全人类的关注。

目 录

目 录

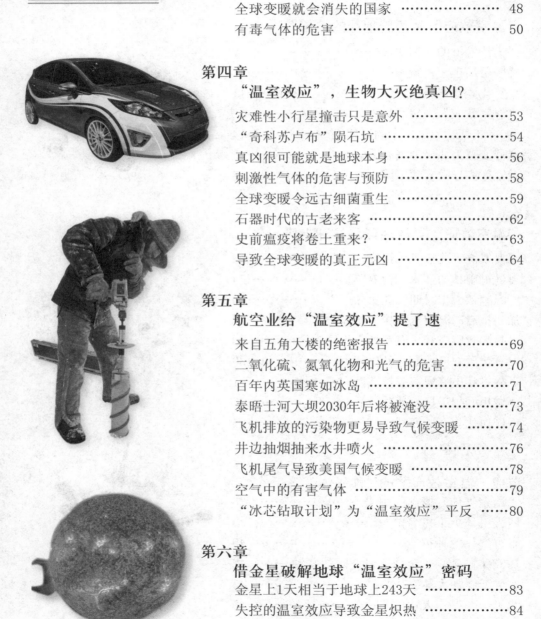

目 录

第七章

谁为地球持续发烧来买单？

第八章

全球变暖真的就是世界末日吗？

第九章

降低"温室效应"刻不容缓

目 录

第十章

我们拿什么来拯救全球气候

第1章 "温室效应"是捂着地球的"锅"

◤ "大汗淋淋的"的北极

2002年12月，美国多家机构同时发出警告：今年北极的夏季遭受了历史上罕见的"炎热"，大汗淋淋的北极面临危机！北冰洋的冰块正以高出往日9%的速度融化，面临在本世纪末全部消失的危险。

北冰洋的冰面缩小了4%，为1978年以来之最。20年前，北极夏天的平均冰层厚度为4.88米，而现在只有2.75米左右。波弗特海、楚

"大汗淋淋的"的北极

科奇海、东西伯利亚海、拉普捷夫海的冰块都大量损失。

甚至北极一些海拔2 000多米的高地也出现了冰雪融化的现象，北冰洋的冰块覆盖面积下跌至约518万平方千米，比历史同期水平至少缩小了103万平方千米。

面对这一串串数字，北极专家泰德·斯坎博斯不无担忧地说："亲眼所见的一切让我们吃惊不已，不仅仅是海水浮冰面在一天天减少，水下的冰块也在逐渐变薄。"

"大汗淋淋的"北极也让生物家们紧张起来，世界野生生物基金会的专家指出，海洋冰面对野生动物十分重要。

威胁到北极熊的生存

　　例如，以海豹为主要食物的北极熊，主要依靠在海洋冰面上捕捉海豹；而母海豹也通常是在冰面上产下海豹宝宝的。而北极气候的变暖、海面冰块消失，直接威胁到北极熊和其他北极野生动物的生存。

　　加拿大野生生物学家伊恩　斯特林博士也提出了同样的担心。他说，刚出生的熊宝宝比新生儿还要小，而且视力低下，它们必须乖乖地在洞穴中待好几个星期，才能跟着妈妈出去走走。然而，气候一天天变暖，洞穴相继融化倒塌，可怜的熊宝宝们还没来得及看看外面的世界，就要被活活压死了。

　　现在，"北冰洋之王"北极熊所赖以生存的"国土"正在一天天缩小。人们担心这些孤独的"君王"会遭遇和恐龙一样的命运。

格陵兰岛正在"减肥"

2002年夏季格陵兰岛冰雪流失严重，达到12年来的最高值68.6万平方千米。1979年，美国的卫星开始直接测量海上冰块面积，多年以来的观测结果显示，格陵兰岛的冰雪融化面积以16%的速度增加，海平面也在不断上升。

科学家警告说，格陵兰岛的温度每增加1华氏度，海平面的上涨速度就会增加10%。目前，格陵兰岛屿周围的海水每10年就增加1.27厘米。

融化的冰雪不仅会导致海平面上升，更会促使气候变暖。要知道，海洋冰面和冰川都是地球的"凉爽剂"，它们能在春季反射80%的太阳光，而在夏季这冰雪融化的季节能反射40%到50%的阳光。

而在冬季，海洋的冰面在温暖的海水和寒冷的空气之间又充当了保护膜作用。也就是说，如果没有大量极地冰块来反射阳光，地球变暖更会加速。

另外，融化的冰雪和漂流物还会直接影响北大西洋的深海对流，从而改变世界海洋流活动和全球气候。

二氧化碳是罪魁祸首

美国国家冰雪数据中心的马克·塞瑞兹教授说，2002年北极的

格陵兰岛

夏季较往年炎热，而且暴风雨频繁，冰块容易碎裂和融化，这是造成海洋冰面缩小的直接原因。但是，追究其深层次原因，塞瑞兹认为，自然界循环变化、温室气体排放、臭氧层遭破坏等都与之有关。

也有其他专家指出，北极冰块融化加速与北半球大气流动方式改变有关；还有的说法称，原因是大自然的多变性、温室气体排放，或者两者皆有。

全球气候变化研究领导小组指出，煤炭和其他燃料燃烧释放出的二氧化碳以及其他有害气体笼罩着地球，而极地地区的气候变化是地球上最严重、也是影响最深远的。

气候变化项目负责人詹尼弗·摩根指出："北极冰块消失是环境恶化的又一例证，而二氧化碳的排放就是罪魁祸首。我们既然已经设立了相关措施，如果不落实是不负责任的。世界各国领导人们应该立刻执行节能措施，增加风能、太阳能等可再生能源资源的利用，不要今后悔之晚矣。"

◣ "温室效应" 悄然登场

温室效应最早是数亿年前，地球最热的时候，森林最大的石炭纪，就是古代温室效应的时代，而

二氧化碳是罪魁祸首

在那个时期，时间就是数亿年前。在当时，二氧化碳是现在的10倍之多。温室效应极为惊人，且那时氧气浓度竟高达30%，也因为潮湿炎热，导致那里的植物长的十分高大，浓氧，造就了巨无霸昆虫，是个巨人国。

温室效应是指透射阳光的密闭空间由于与外界缺乏热交换而形成的保温效应，就是太阳短波辐射可以透过大气射入地面，而地面增暖后放出的长波辐射却被大气中的二氧化碳等物质所吸收，从而产生大气变暖的效应。

大气中的二氧化碳就像一层厚厚的玻璃，使地球变成了一个大暖房。据估计，如果没有大气，地表平均温度就会下降到 $-23{}^{\circ}\text{C}$，而实际地表平均温度为 $15{}^{\circ}\text{C}$，这就是说温室效应使地表温度提高 $38{}^{\circ}\text{C}$。

大气能使太阳短波辐射到达地面，但地表向外放出的长波热辐天然气燃烧产生的二氧化碳，远远超过了过去的水平。而另一方面，由于对森林乱砍乱伐，大量农田建成城市和工厂，破坏了植被，减少了

二氧化碳造成温室效应

1 TON CO2

将二氧化碳转化为有机物的条件。

再加上地表水域逐渐缩小，降水量大大降低，减少了吸收溶解二氧化碳的条件，破坏了二氧化碳生成与转化的动态平衡，就使大气中的二氧化碳含量逐年增加。

在空气中，氮和氧所占的比例是最高的，它们都可以透过可见光与红外辐射。但是二氧化碳就不行，它不能透过红外辐射。所以二氧化碳可以防止地表热量辐射到太空中，具有调节地球气温的功能。如果没有二氧化碳，地球的年平均气温会比目前降低 $20{}^{\circ}\text{C}$。但是，二氧化碳含量过高，就会使地球仿佛

喀拉喀托火山

捂在一口锅里，温度逐渐升高，就形成"温室效应"。

如果二氧化碳含量比现在增加一倍，全球气温将升高3℃～5℃，两极地区可能升高10℃，气候将明显变暖。

气温升高，将导致某些地区雨量增加，某些地区出现干旱，飓风力量增强，出现频率也将提高，自然灾害加剧。

更令人担忧的是，由于气温升高，将使两极地区冰川融化，海平面升高，许多沿海城市、岛屿或低洼地区将面临海水上涨的威胁，甚至被海水吞没。

20世纪60年代末，非洲下撒哈拉牧区曾发生持续6年的干旱。由于缺少粮食和牧草，牲畜被宰杀，

饥饿致死者超过150万人。这是"温室效应"给人类带来灾害的典型事例。

空气中二氧化碳含量的增长，就使地球气温发生了改变。但是有乐观派科学家声称，人类活动所排放的二氧化碳远不及火山等地质活动释放的二氧化碳多。

他们认为，最近地球处于活跃状态，诸如喀拉喀托火山和圣海伦斯火山接连大爆发就是例证。地球正在把它腹内的二氧化碳释放出来。所以温室效应并不全是人类的过错。

600多年葡萄收成出示的证明

为了庆贺葡萄的收成，世界著名的红酒之乡勃艮第从14世纪下半叶就开始形成了一个记载葡萄收成的习惯，当地政府逐年不间断地记载了600多年的相关数据。由于

葡萄的收成与温度有关，葡萄收获的时间越早，收成越好，说明当年夏天的气温越高，当年的平均气温也高；反之，则说明当年的平均气温较低。因此，考证这些葡萄收成的数据就可以获得当地气候变化的资料。

法国一些气象学家和生态学家组成了研究小组，查阅了从1370年到1989以来所有现存的报纸和其他与葡萄收成有关的历史档案，企图研究葡萄收成与气候变化之间的关系，并希望寻找到导致全球变暖的线索。

研究人员根据葡萄收成的资料，绘制出了以前各年份的温度变化图。本来是想看看温室效应的发展趋势，结果却有了一个意外的发现：近年来的气温升高可能与工业社会中的人类活动没有关系。

气象学研究表明，20世纪90年代以来，全球的平均气温开始大幅度上升，并且出现了不少极端灾难性气候，导致了飓风、洪灾和旱灾的出现。但是，葡萄收成的资料却表明，勃艮第在1990年和1380年、1420年、1520年一样热。

在20世纪里，勃艮第地区的气温升高从1960年开始一直延续到现在。于是，有人怀疑这种炎热会随着人类排放温室气体的增加而持续不断地进行下去。然而，从1630年

受气候影响的葡萄园

研究葡萄收成的历史资料

到1680年，勃艮第地区也连续热了半个世纪，其炎热程度和1990年类似。而从1680年到1970年间，夏季则较为凉爽。

在2003年，法国热得出奇，有1万名居民死于炎热。在气象学上，年均温度高出某一历史时期平均温度1摄氏度就是很大的气象变化了，然而，2003年测得的勃艮第地区的平均气温比历史平均气温高出5.86摄氏度。不过，研究人员发现历史上也出现过类似的情况，1523年的平均气温比历史平均气温高出4.1摄氏度。

通过研究葡萄收成的历史资料，科学家们绘制出了从1370年至2003年间的气候变化图谱，其计算出的夏季气温的精确度据说可以达到0.01度。生态研究中心的伊莎贝尔·丘恩认为，全球性的气候变化会在一定的历史时期内有所起伏，地球升温是一种不定期出现的自然现象；2003年的反常炎热气候是历史发展中的一种正常现象，全球周期性的气候变化大趋势可能会导致地球在接下来的几十年内降温。

丘恩还认为，近年来，地球排放的污染物虽然阻止了地球热量的散发；同时，地球污染物也阻止了更多太阳光进入地球，太阳释放到地球的热量减少了。两者相互削弱，污染物对地球温度变化的作用就大大减小了。因此，地球气候变化的原因还得从地球自身的运动方面去寻找。

⊠ 全球变暖为北极油气开采立大功

一向令人头疼的全球气候变暖问题，如今却为北极圈的油气资源开采"帮"上了大忙。在美国与其他七国发表的一份报告说，全球气温升高将在本世纪使北极圈大部分地区的冰层融化，因而使那里的石油与天然气资源更容易被开采。

这份题为《北极圈气候影响评估》的报告预计，在未来100年内，全球气候变暖对北极圈气温升高影响的速度将是其对地球上其他地区的两倍。

全球变暖将使北极圈陆地区的年平均气温上升5至9华氏度，同时使北极圈的水域气温每年升高13华氏度，全球海平面将由此上升3英尺。

全球气候变化将威胁沿海城市，改变植被生长格局，破坏野生动物栖息地。不过，气温升高也将使北极圈的石油和天然气资源开采更为容易。特别是对海上油气资源来说。

首先，气温变暖将使北极圈的海上冰层融化变薄、变少，这样开采机械工作更容易、而且寿命更久；第二，海上开采作业面以及油气运输线更容易开辟，油气资源开采与运输成本将因此大幅降低；第三，由于冰层融化，到本世纪末，北极地区的可航海时间将从目前每

北极油气开采

年的30天左右时间延长到120天，这将方便油气资源运输。

◤ 温室效应导致雪线下降

同在一片蓝天下、同在一个太阳下、同在一个海拔下、仅仅是南北的不同、就造化出了两种截然不同生态气候：喜马拉雅山北坡千里戈壁、干旱少雨，石碛沙飞；而喜马拉雅山的南坡雨量充沛，植被茂盛，形成鲜明的对比。

南坡从海拔从2 000多米的河谷上升到8 000多米的山峰，自然景象迅速更替：低处温暖湿润，常

绿阔叶林生长得郁郁葱葱，形成常绿阔叶林带；海拔升高，气温递减，喜温的常绿阔叶树逐渐减少，以至消失，而耐寒的针叶树则渐增加，在2 000米以上为针叶林带；再往高处，热量不足，树木生长困难，由灌丛代替森林，出现灌丛带；在4 500米以上为高山草甸带；5 300米以上为高山寒漠带；更高处为高山永久积雪带。

北坡气候干寒，降水量少，自然景观的垂直分布的层次也比南坡少得多。是喜马拉雅山连绵成群的高峰挡住了从印度洋上吹来的湿润气流，才造就了喜马拉雅山南北气候两重天。仅仅是一座高山的阻隔

就幻化出了两个截然不同的植物景观、截然相反两种气候世界，真可谓自然界造化杰作。

因为高山屏障，印度洋暖湿气流留在了南坡、因而南坡雨量充沛，植被茂盛，而北坡由于没有充沛的雨量，植被稀疏。这一自然现象固然很好理解，但隐藏在这一自然现象背后一个秘密却并不为我们所知。南坡并没有因为雨量充沛，植被茂盛，气候暖湿、相对应的高山雪线、比北坡高、事实恰恰相反，喜马拉雅山高山雪线却是南低北高，北坡比南坡高500米、如何破解这一有悖于常识的自然现象呢？

作为南坡无论是光照时间、还

喜马拉雅山连绵成群的高峰

是热量、在同等海拔下理所应当南坡拥有的热量比北坡高、但为什么作为衡量同等海拔温度高低的显著标志—雪线却是南低北高呢？

喜马拉雅山南坡

印度洋暖湿气流通过海洋水蒸发的形式、把赤道热量运输到喜马拉雅山南坡、通过降雨循环形式、把热量和雨水留在了南坡、因而植被茂盛，气候暖湿、温差很小、但正是这一暖湿气候温差很小的结果、却说明了温室气体向各个方向传递扩散热量的均匀性和高效性，维持了水的循环、损耗了热量，因而减小了向高空辐射。

维持一个温差很小的气候环境的代价必然是释放大量热能前提条件下、才能实现的；就像我们日常生活中冬季空调房道理一样、要在冬季维持一个相对不变的较高室内温度、就需要消耗较大电能、而如果只需维持一个温差较大、短时间室内相对高温的话、电能就消耗少的多。

另外我们可以想象，在一个充满温室气体环境下、气体扩散热量的方式是向各个方向均匀传递扩散的，而缺乏温室气体环境下比如沙漠扩散热量的方式就是一个垂直上下方向传递的、显而易见沙漠高空气温反而比绿洲高，这也就是产生沙漠、城市孤岛效应、高空暖高压形成气候炎热的根本原因，就是这一原因造成了喜马拉雅山南坡融化冰雪热量反而下降、雪线下降、北坡由于雨量稀少、干旱温差大、反而热量损耗小、热量垂直传递、高山融化冰雪能力强、雪线上升。

喜马拉雅山雪线南低北高这一

特殊现象有助于我们重新看待理解温室气体温室效应，温室气体并不能凭空提高地球平均温度、温室气体仅仅是缩小了温差、平衡了全球气温、正是因为温室气体的存在、使得赤道、低纬度多出热量流向高纬度、从而弥补了高纬度热量温度的不足、保障了生物圈的扩大适宜生长，准确地说温室气体的温室效应表达是不准确的，因为并不能因为温室气体的存在而能提高温室温度、恰恰相反可能因为温室气体高浓度、高热容量而降低温度，这就是喜马拉雅山雪线南低北高这一特殊现象给我们的重大启示。

水蒸气作为一种地球独有温室气体现象、在吸收、转移、扩散平衡热量同时维持了水的循环、在达到平衡缩小温差的同时、又以降雨形式　润了生物、在保持平衡调节热量运动中，事实上是热量大量丢失的、而并不是像我们原来习惯传统认为那样、温室气体是透过短波太阳光、留住长波增加地面热量的。

温室气体同样与其他气体一样可以吸收、反射短波的、否则的话、迷雾天、雨天、阴天可见度下降、气温下降如何解释呢？温室气体仅仅是阻止了低温与高温现象的出现、为保持这一气候现象、温室气体不仅仅是吸收了热量、事实上也是扩散、反射丢失热量的。这就是温室大棚即便充满再多的水气、或二氧化碳也不能增温的根本原因。

相反如果温室气体真像我们想象那样、能提高温度的话、那么我们地球温度岂不出现悖论—因为温室气体可以提高气温、所以提高的气温可以产生更多的温

水蒸气

喜马拉雅山北坡

室气体，相对于海洋、温室气体水蒸气是无限的，而更多的温室气体可以催生更高的温度、以此无限循环、地球气温岂不是越来越高、乃至产生核爆炸高温吗？所以温室气体暖化地球的看法显然是经不起逻辑的推论和事实上的不存在的。

正是温室气体、暖湿气候推动了全球气候的平衡、增加了低纬度热量同时、也增加了热量损耗、减少了高空大气热量的传递，从而使得高空大气越来越冷，促成了高空大气冷化收缩、从而也就减小了高空大气压力，于是也就自然增加了地面气流上升动能，大气低空循环由原来水平流动转变为垂直向上流动，于是大气循环改变了，代之而起的又是一个截然相反缺少温室气体、缺少水气的干旱、温差增大气候的来临。

大气冷循环条件下、由于温室气体的减少，主要是水气减少，减小了光辐射热量水平方向的传递扩散，因而容易引起气温的大起大落、暴冷暴热，容易引起由于气温的不同而增加了气压梯度、增加了气流流动的动力，同时由于气候干旱，增加了沙风暴、暴风、暴雨灾害气候的频率，但它却有利于高空大气气温提高、从而提高大气压、达到垂直方向气流平衡，为下一个暖湿气候来临孕育了条件。

但海洋却是干旱气候的得利者，由于干旱气候温差增加，提高了海洋冷暖温差的推动力、因而增加了海洋氧气量，同时得益于温室气体减少，光辐射增强、光合效率提高、增加了海洋光合食物供给，这既是海洋大型动物和其他大量动物生存的食物基础，同时也是人类今后获取更多海洋食物潜力所在。

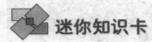 **迷你知识卡**

世界上最大的岛

格陵兰岛

世界最大岛，面积2 166 086平方千米，在北美洲东北，北冰洋和大西洋之间。从北部的皮里地到南端的法韦尔角相距2 574千米，最宽处约有1 290千米。海岸线全长35 000多千米。丹麦属地。

臭氧层

是指大气层的平流层中臭氧浓度相对较高的部分，其主要作用是吸收短波紫外线。大气层的臭氧主要以紫外线打击双原子的氧气，把它分为两个原子，然后每个原子和没有分裂的氧合并成臭氧。臭氧分子不稳定，紫外线照射之后又分为氧气分子和氧原子，形成一个继续的过程臭氧氧气循环，如此产生臭氧层。臭氧层中的臭氧主要是紫外线制造。

红外辐射

波长约在0.75~1 000微米之间的电磁辐射。红外线是一种电磁波，位于可见光红光外端，在绝对零度，即−273℃以上的物体都辐射红外能量，是红外测温技术的基础。

"温室效应"导致地球气候钟走快

第**2**章

1. 瑞典发烧，北极臭氧损耗
2. 亚马逊雨林的灌木"营养不良"
3. "温室效应"又叫"花房效应"
4. 加州拟启动温室气体排放限制与交易
5. "热岛效应"和"温室效应"同为地球杀手
6. 二氧化碳浓度提高危及生命
7. 世界雄状山峰岩石摇摇欲坠
8. "奇思妙想"拯救地球
9. 珊瑚白化与全球变暖

瑞典发烧，北极臭氧损耗

据瑞典气象局预测，瑞典在今后100年内平均温度将升高 3 至 4 摄氏度，高于全球变暖平均水平。这主要是因为越靠近北极，温室效应越明显。比如，太阳光的反射在极地附近变弱，大气气流的流动模式在北极附近变化也更为显著，这些都增强了温室效应。

现在，瑞典南部已经出现缺水现象，而北部的水库年年都满。专家们运用数学模型对温室效应将如何影响瑞典降水进行了分析。他们预测，位于瑞典中南部的首都斯德哥尔摩地区的天气将和今天的德国非常相像，而瑞典南部的天气很有可能类似法国中部，南方的夏天将变得更为干燥，而北方现在很多秋冬天的降雪今后将成为降雨。

美现的瑞典

德国研究人员最近也公布的一项研究结果显示，全球变暖的负效应将导致北极上空臭氧层的损耗比科学家原先估计的快 3 倍。二氧化碳等温室气体像毯子一样，把热量束缚在地球大气层较低的位置。为使之达到平衡，位于地球大气层上方的同温层就变冷了。德国阿尔弗雷德·韦格纳极地与海洋研究所的科学家在最新一期《自然》杂志上报告说，随着北极上空同温层持续变冷，此处臭氧层的消耗也将大大加速。

在过去10年里，科学家对冬季北极上方的气候状况进行了研究。他们发现，极地上方同温层的云量严重影响着臭氧层的损耗。

瑞典南部出现缺水现象

冬季，同温层在距离地面20千米处形成云层，由于该云层看上去闪闪发光，因此被称为"珠母云"。

研究人员指出，人们绝不能被这层云美丽的外表迷惑。它是破坏臭氧层的"罪魁祸首"。该云层为化学反应提供了平台，使温室气体中氯变成另一种形式。而这种形式的氯恰恰能够使臭氧分子分解。自上世纪60年代以来，同温层的云量一直持续上升。

◩ 亚马逊雨林的灌木"营养不良"

全球变暖使广阔的亚马逊雨林中最原始的部分也"不得安宁"。最新公布的一项研究结果表明，随着温室气体的增加，亚马逊雨林最深处的树种结构发生了显著的变化。专家认为，整个亚马逊雨林吸收二氧化碳的能力将因此大幅降低。

从1980年起，巴拿马热带研究所的科学家对巴西境内亚马逊雨林18处从未受到人类活动直接破坏

亚马逊雨林

的树种结构进行了长达20多年的研究，记录了115个树种生长状况。结果表明，其中27个树种在研究过程中数量显著增加，而另外15个树种数量不断减少，这种数量变化的速度比估计的高14倍。

科学家在出版的最新一期《自然》杂志上报告说，数量增加的树种均属于本身生长速度快的高大乔木，而数量减少的都是矮小的灌木。

研究人员指出，此前有关热带雨林的研究都无法对这种现象作出解释。他们分析，很可能是由于空气中二氧化碳增多，加快了光合作用的速度，使得本身高大的乔木生长速度更快，抢夺了阳光和二氧化碳，从而造成矮小的灌木"营养不足"。

热带生态学家比尔·劳伦斯说："这种变化对热带雨林来说是根本性的。热带雨林以物种繁多著称，如果最基本的树种结构发生了变化，其他依赖树木生存的物种结构也将改变。"

美国科学、经济和环境中心的科学家托马斯·洛夫乔伊指出，灌木数量的减少将威胁亚马逊雨林的"整体健康"。亚马逊雨林一直被认为是地球上遏制大气中二氧化碳增多的一个重要"碳槽"，而新发现的这种变化，无疑将使其吸收二氧化碳的能力大打折扣。

◣ "温室效应"又叫"花房效应"

温室效应，又称"花房效应"，是大气保温效应的俗称。大气能使太阳短波辐射到达地面，但地表向外放出的长波热辐射线却被大气吸收，这样就使地表与低层大气温度增高，因其作用类似于栽培农作物的温室，故名温室效应。

如果大气不存在这种效应，那么地表温度将会下降约330℃或更多。反之，若温室效应不断加强，全球温度也必将逐年持续升高。自工业革命以来，人类向大气中排入的二氧化碳等吸热性强的温室气体逐年增加，大气的温室效应也随之增强，已引起全球气候变暖等一系列严重问题，引起了全世界各国的关注。

温室有两个特点：温度较室外高，不散热。

生活中我们可以见到的玻璃育花房和蔬菜大棚就是典型的温室。使用玻璃或透明塑料薄膜来做温室，是让太阳光能够直接照射进温室，加热室内空气，而玻璃或透明塑料薄膜又可以不让室内的热空气向外散发，使室内的温度保持高于外界的状态，以提供有利于植物快速生长的条件。

温室效应主要是由于现代化工业社会过多燃烧煤炭、石油和天然气，这些燃料燃烧后放出大量的二氧化碳气体进入大气造成的。

二氧化碳气体具有吸热和隔热的功能。它在大气中增多的结果是形成一种无形的玻璃罩，使太阳辐射到地球上的热量无法向外层空间发散，其结果是地球

"温室效应"又称"花房效应"

表面变热起来。

一项有关树叶化石的新研究表明：至少在过去3亿年间，全球气温的起起落落与大气中二氧化碳的浓度变化是一致的。这一发现确证了气温变化与大气中二氧化碳浓度的关系，这种关系曾因最近一些研究报告说在温室气体在几次温暖时期有所下降而受到怀疑。

城市热岛环流

大量的证据表明，至少在过去40万年间，全球气温的平均温度与大气中二氧化碳的浓度紧密相联。然而，要将这一时间再往前推却是困难的。地球化学测量方法一般可以确定几亿年前二氧化碳浓度和气温的关系，但是，这一研究方法得出的结论却是在侏罗纪和白垩纪的部分时期，当气温上升时二氧化碳的浓度急剧地下降了。

植物利用其叶子上的气孔来呼吸二氧化碳，当大气中二氧化碳浓度升高时，叶子上气孔的密度会降低，原因是植物只需要较少的气孔就能得到足够的二氧化碳。科学家找到了包括银杏在内的四个很近的属的植物叶子化石的档案照片，来数它们的气孔数，以估计在过去3亿年间大气中二氧化碳量。

◤ 加州拟启动温室气体排放限制与交易

加州的温室气体排放政策制定组织——大气资源委员会，近期开始披露他们设计的"总量控制与交易系统"。这是加州为了达到气候目标制定的30多个系列政策的核心原则。

总量控制与交易的基本制度我们都很熟悉：温室气体的排放总额事先限定，并且允许企业在总额限制下互相交易排放许可量。

总量控制和交易制度能够在对经济影响最少的前提下达到降低排放的目的。但问题在于细节规定：不同的具体方案将对经济造成不同的显著影响。

作为与经济最直接相关的决定，大气资源委员会表示，排放许可的分配比例将照顾那些高能耗和面临进出口市场压力的行业，抵消他们因为减排政策而产生的市场负担。

大气资源委员会希望凭借

城市"热岛效应"

这种免费将排放许可分配给所谓"能源密集、交易风险大"的行业的做法，能够在减少温室气体排放的同时，避免企业从加州向其他地区流失。

然而，具体的许可额度分配方案仍然在制定当中，最终的结果将对许多企业带来变革效应。具体的分配方案将决定企业的排放权限——决定他们能拥有多少初始排放额度，并且能拥有多长的时间。

分配方案也将决定哪些企业成为许可的出售方，哪些成为购入方，从而决定这些企业的竞争力。

另外，大气资源委员会公开表示将努力避免出现"难以接受的高成本"，这也预示了这一方案未来的走向。这些被称作"成本控制"的政策将致力于保证环境政策的成本与收益平衡。

大气资源委员会看来倾向于持有一部分额外的"保留许可额度"，以防价格变得过高。

◥ "热岛效应"和 "温室效应"同 为地球杀手

世界性干旱

城市热岛是以市中心为热岛中心，有一股较强的暖气流在此上升，而郊外上空为相对冷的空气下沉，这样便形成了城郊环流，空气中的各种污染物在这种局地环流的作用下，聚集在城市上空，如果没有很强的冷空气，城市空气污染将加重，人类生存的环境被破坏，导致人类发生各种疾病，甚至造成死亡。

城市人口密集、工厂及车辆排热、居民生活用能的释放、城市建筑结构及下垫面特性的综合影响等是其产生的主要原因。热岛强度有明显的日变化和季节变化。

日变化表现为夜晚强、白天弱，最大值出现在晴朗无风的夜晚，上海观测到的最大热岛强度达6℃以上。季节分布还与城市特点和气候条件有关，北京是冬季最强，夏季最弱，春秋居中。

城市热岛可影响近地层温度层结，城市全天以不稳定层结为主，而乡村夜晚多逆温。水平温差的存在使城市暖空气上升，到一定高度向四周辐散，而附近乡村气流下沉，并沿地面向城市辐合，形成热岛环流，称为"乡村风"，这种流场在夜间尤为明显。

城市热岛还在一定程度上影响城市空气湿度、云量和降水。对植物的影响则表现为提早发芽和开花、推迟落叶和休眠。

城市热岛效应是城市气候中典型的特征之一。它是城市气温比郊区气温高的现象。城市热岛的形成一方面是在现代化大城市中，人们的日常生活所发出的热量；另一方面，城市中建筑群密集，沥青和水泥路面比郊区的土壤、植被具有更小的函授比热容，可吸收更多的热量，并且反射率小，吸收率大，使得城市白天吸收储存太阳能比郊区多，夜晚城市降温缓慢仍比郊区气温高。

在"热岛效应"的影响下，城市上空的云、雾会增加，使有害气体、烟尘在市区上空累积，形成严重的大气污染。人类有许多疾病就是在"热岛效应"下引发的。

◼ 二氧化碳浓度提高危及生命

根据超级计算机全球气候模型计算的结果，科学家认为气候具有反馈机制，即气温变暖将改变地球碳循环，削弱海洋、森林等碳吸收槽吸收大气二氧化碳的能力。

气候反馈机制一

旦发生作用，将改变地球的自然体系，全球气候变暖也将随之加速。这意味着由气候变化所引发的世界性干旱、农业减产、海平面上升、天气紊乱和洪水泛滥等灾难性预测结果将提前到来，留给人类协调处理这个灾难性后果的时间将大大缩短。

二氧化碳含量的增加虽然令人担心，但人类更须忧虑二氧化碳浓度的增长率。大多数科学家相信大气中二氧化碳浓度增加会产生温室玻璃的保温效果，最终导致全球气温升高。过去二氧化碳浓度的年平均增长率为1.3ppm，近年来为1.6ppm。

迄今为止，人们一直认为地球

干涸的土地

阿尔卑斯山

碳循环的改变还需数十年。英国环境首席科学家皮尔斯·福斯特认为："如果二氧化碳的年平均增长率确实上升，这个事件就非常重要。这意味着有关全球气温变暖的预测必须重新评估。如果二氧化碳的年平均增长率持续上升，情况就会变得很糟，我们的处境将是灾难性的。"

英国政府前环境保护顾问汤姆·伯克认为："测量二氧化碳的大气浓度，世界上就像有了一个气候钟，但现在看来气候钟开始走快了。这就意味着我们用于稳定全球气候的时间不多了，政府和企业都必须加大投资力度，

才能避免出现全球气温变暖的灾难性后果。

◼ 世界雄壮山峰岩石摇摇欲坠

据英国《苏格兰人报》消息，科学家预测说由于地球日益变暖，世界上很多壮丽高山的岩石将面临坠落的命运，其主要原因是高温融化了岩石的永久冻结带而导致它们开始动摇。

阿尔卑斯山由于悬崖断裂而导致至少50人死亡，从此，这种岩石断裂的现象就成为人们关注的焦点。白朗峰为欧洲最高的山峰，海

拔为4 810米。

当夏天遇到"高温年"的时候，法国就会关闭勃朗峰的一些登山通道。马塔角是阿尔卑斯山的象征山峰，霍恩里山脊是其崩塌的地方，而此处也是登山者的必经之地，曾有80名登山者被困于此，最后被飞机救出。

三年前科学家们在阿尔卑斯山的岩石上沿绳滑下去用工具凿了一些小洞，并用测量温度的仪器记录下了当时的岩石温度。一年之后，他们又进行了重新的测量，然后将数据输入计算机。经过电脑的分析，研究者发现地球温度的变化影响了岩石的温度。

瑞士的阿尔卑斯山

地球陆地表面四分之一的地方都处于冻结状态，山脉中存在着永久冻结带。如果地球温度在未来20年中如预测的那样提升1.3度的话，地理学家相信从喜马拉雅山到安第斯山都会因永久冻结带的融化而受到影响。

英国登山协会负责技术和安全的人员表示："去年夏天是不同寻常的高温年，阿尔卑斯山周围岩石坠落现象发生的次数增加了很多。"

地质学家分析说，该地并没有过多的降雨和降雪，所以事故的发生与雨雪无关。他们推测，全球变暖是真正的罪魁祸首，因为不断增高的温度使得一直处于冻结状态的岩石内部开始融化。

◪ "奇思妙想" 拯救地球

二氧化碳的过量排放。它在大气中积累越多，地球就将吸收越多的温度。从而导致冰川融化，海平面上升，全球气候紊乱和恶化等恶果。

珊瑚褪色变白

科学家们其实希望通过宣传、教育让每个大众参与到减少和控制二氧化碳的排放中来，自觉的维护我们的地球生态系统。但是如果许多人仍然执迷不悟，在彻底的解决办法出现，科学家目前已经探索出一些应急的措施来拯救地球。

造云船：顾名思义，这种船的作用是用来制造云层，科学家从美国加利福利亚的大雾中得到了灵感。他们发现这个海滨城市常见的浓雾能很好的折射太阳光，从而起到降温的作用。于是他们希望可以人工制造或者加厚更多的云层，但是并不形成降雨来降低地球的温度。

他们使用船的形式，从大海中吸收海水，然后利用高压将海水喷洒到空中，喷头交叉喷射形成共多的碰撞，使得水中的气泡破裂产生更多的细小的水分子，由于是海水，水分子将不会完全蒸发，剩下的核将吸附大气中其他微小的水分子，从而形成更加浓密的云层。

喷洒硫磺：这项研究的主持者大有来头，他是确定含氟化合物对臭氧层的巨大危害，从而使得含氟冰箱从我们视野中消失的科学家。一生致力于改善我们的大气层和地球。现在臭氧层的空洞是减小了，但是二氧化碳的积累仍然使得地球面临巨大的威胁。

这一次科学家从印度洋的大规模火山喷发中得到了启示。火山喷发时，大量的硫磺被喷洒到空气中，随着空气的流动和时间的推移，这些硫磺将分散到地球层的不同区域，而二氧化硫会更多的反射太阳光，给我们的地球降温。

所以科学家希望可以用火箭向大气的同温层发射硫。他也明白这项提议的危险性。因为二氧化硫会造成酸雨等空气污染现象。但是任何事情都是有利有弊，我们所要做的就是权衡利弊，同时找到恰当时机。

浮游植物：悉尼的一位科学家希望通过增加海洋中的浮游植物的数量，利用它们天然的光合作用能力来减少空气中的二氧化碳。已经有科学家在荒凉海域投放1万吨铁，然后该海域长出了绵延几千米的绿色浮游植物带。

悉尼科学家则认为比起投放

限制性营养素，使用尿素成效会更加显著。只是这项提议是否会打乱现有的海洋生态平衡链？是否导致过多的浮游生物从而引起鱼类的死亡？这些都值得我们思考。

人造树：科学家同样希望降低大气中的二氧化碳，但是他采取的是回收的方式，并且会将回收的二氧化碳存于地下。他的灵感来自于他上初中的女儿，女儿在一次试验作业中利用氢氧化钠从空气中回收了约50%的二氧化碳。

于是他设计像大树一样被树杆支撑，上部是像百叶窗一样的多层紧密排列的叶片的人造树。这些树叶夹层中全市疏松多孔的材料里面注有氢氧化钠，在有风的时候空气将很容易通过这些小孔，然后被孔中的氢氧化钠吸收从而储留下来。再利用高压将这些二氧化碳注入海底岩层的缝隙中，由于温度和压力的关系岩层中的二氧化碳密度将比水大，从而理论上说几百万年也不会排出来。

珊瑚白化

◪ 珊瑚白化与全球变暖

海水温度过高导致珊瑚白化现象

提到热带海洋，很多人想到的就是色彩斑斓的珊瑚礁以及生活在珊瑚礁内的各种漂亮的海洋生物。不过，这几年越来越多的报道都提到全球的珊瑚礁面临着一个严重的问题——珊瑚白化。众多以珊瑚礁而闻名的旅游景点，如位于澳大利亚东岸的大堡礁等，都不同程度的受到珊瑚白化现象的影响。一份IPCC草拟的报告甚至提到大堡礁的珊瑚白化现象以后每年都会发生，结果是到2030年，大堡礁珊瑚会濒临灭绝。

珊瑚白化指的是五颜六色的珊瑚褪色变白的现象。正常状态下，珊瑚之所以呈现出不同的颜色，主要是与其共生的藻类的功劳。除了让珊瑚变得漂亮，这些共生的藻类还会通过光合作用制造出它们自身及宿主珊瑚虫生存所需要的养料。

当海水环境发生变化时，尤其是当水体温度过高或者太阳强度过强时，珊瑚会把这些共生的藻类排到体外。其结果就是珊瑚变成其自身的白色，并且丧失了营养的来源。如果外界的环境变化持续时间不长，在恢复到原来的条件后，珊瑚内部的共生藻类数目会再次增加，珊瑚也会随之恢复到原来五颜六色的样子。

不过需要注意的是，虽然在正常状态下，白化的珊瑚具有一定的恢复能力，但这是在环境变化不算剧烈且白化持续的时间不太长的情况下。一旦环境变化太过剧烈或者白化持续的时间过长，白化的珊瑚虫会因为不适应新环境或者因缺乏营养供给的时间过长而死亡。这时候就算恢复到原来的环境，受到损害的珊瑚也不能复原了。

当然，不同的珊瑚对外界环境

变化的敏感程度也是不一样的，有的可能对环境变化的适应能力要强些，也有些在微弱的变化发生时就会死亡。

能够导致珊瑚白化的原因有很多，比如：温度升高、太阳辐射强度增加、海水化学性质的变化、海水透明度减弱等等。在众多原因中，与人类活动有关，也是最重要的可导致大范围珊瑚白化的就是大家都比较关注的一个话题——全球变暖。

以前珊瑚白化的发生大多与厄尔尼诺引起的海水温度升高有关。1998年厄尔尼诺年就发生了全球范围内的珊瑚白化现象。同样，今年的厄尔尼诺现象也导致了大范围的珊瑚白化现象。

珊瑚白化现象

换句话说，以前海水升温导致的珊瑚白化是伴随着厄尔尼诺发生的，而厄尔尼诺是每隔几年才会发生的现象，所以珊瑚白化的发生还不是那么频繁。

不过，随着全球变暖问题的加剧，海水温度也逐渐升高，因此可以预见的是，高温海水就不仅仅是厄尔尼诺发生时才会出现了，它非常可能会成为一种常态，因此，珊瑚白化出现的频率和持续时间都会随之增加。

在这种情况下，珊瑚白化发生后，要想再恢复，难度就更大了。事实上，按照美国海洋与大气管理局海洋生态学家MarkEakin博士的说法，现有数据表明珊瑚白化事件发生的频率已经升高了，而这很可能与全球变暖的背景有关。

珊瑚礁作为海洋中"热带雨林"，拥有地球上生物多样性最丰富的生态系统。当珊瑚白化持续发生时，整个珊瑚礁生态系统会受到极大的损害，其生产力和多样性都会受到影响。生活在其中的无脊动物、鱼类等的种群数目会明显减少。同时,这也会给人类带来经济上的巨大损失,主要包括渔业的损失和旅游业的损失——很难想象全无色彩且没有漂亮鱼儿游来游去的珊瑚礁还会对游客有很大吸引力。

要想缓解珊瑚白化的问题,除了大力减少温室气体的排放从而缓解全球变暖这条路,我们几乎没有其他可选的路径。更可怕的是,即使我们现在开始减排温室气体,全球变暖的趋势还会持续很多年。但愿海中众多的珊瑚虫们,能够撑到全球变暖得到控制的那天!

 迷你知识卡

地球大气

大气层

又叫大气圈,地球就被这一层很厚的大气层包围着。大气层的成分主要有氮气,占78.1%;氧气,占20.9%;还有少量的二氧化碳、稀有气体(氦气、氖气、氩气、氪气、氙气、氡气)和水蒸气。大气层的空气密度随高度而减小,越高空气越稀薄。大气层的厚度大约在1 000千米以上,但没有明显的界限。

比热容

又称比热容量,简称比热,是单位质量物质的热容量,即是单位质量物体改变单位温度时吸收或释放的内能。比热容是表示物质热性质的物理量,通常用符号c表示。

永久冻结带

指永久冰冻的下层土壤,出现在整个北极地区和部分长期寒冷的地区。

第3章 造成"温室效应"的N种气体

1. "温室气体"概念的由来
2. 四大气体上了黑名单
3. 有害气体的种类
4. 1988年，敲响了全球气候变暖的警钟
5. 气候变暖加大航空成本
6. 北半球酷暑令人忧虑
7. 气候变暖削弱海洋游植物生命力
8. 全球变暖就会消失的国家
9. 有毒气体的危害

◥ "温室气体"概念的由来

1820年之前，没有人问过地球是如何获取热量的这一问题。正是在那一年，让·巴普蒂斯特·约瑟夫·傅里叶开始研究地球如何保留阳光中的热量而不将其反射回太空的问题。

他得出的结论是：尽管地球确实将大量的热量反射回太空，但大气层还是拦下了其中的一部分并将其重新反射回地球表面。他将此比作一个巨大的钟形容器，顶端由云和气体构成，能够保留足够的热量，使得生命的存在成为可能。

他的论文《地球及其表层空间温度概述》发表于1824年。当时这篇论文没有被看成是他的最佳之作，直到19世纪末才被人们重新记起。

其实正因为地球红外线在向太

温室气体

降低二氧化碳排放

空的辐射过程中被地球周围大气层中的某些气体或化合物吸收才最终导致全球温度普遍上升，所以这些气体的功用和温室玻璃有着异曲同工之妙，都是只允许太阳光进，而阻止其反射，近而实现保温、升温作用，因此被称为温室气体。

其中既包括大气层中原来就有的水蒸气、二氧化碳、氮的各种氧化物，也包括近几十年来人类活动排放的氯氟甲烷、氢氟化物、全氟化物、硫氟化物等。种类不同吸热能力也不同，每分子甲烷的吸热量是二氧化碳的21倍，氮氧化合物更高，是二氧化碳的270倍。不过和人造的某些温室气体相比就不算什么了，目前为止吸热能力最强的是全氟化物和氯氟甲烷。

四大气体上了黑名单

二氧化碳：预算全球每年的二氧化碳排放量是一件非常复杂的工作，因为它是在大气、海洋和生物圈之间循环的。通过光合作用地球上的植物每年消耗370Pg的二氧化碳，但是动植物的呼吸过程以及它

全球变暖动物遭殃

们尸体的腐化也会向大气中释放同等数量的二氧化碳。

与此同时海洋每年也会吸收370Pg（1Pg=10^{15}克）的二氧化碳并释放382Pg的二氧化碳。此外燃烧各种化石燃料会释放18Pg，燃烧木材释放7Pg的二氧化碳。如此计算，大气层中每年都会增加11Pg的二氧化碳，由于二氧化碳是化学惰性的，不能通过光化学或化学作用去除。

甲烷：甲烷是在缺氧环境中由产甲烷细菌或生物体腐败产生的，沼泽地每年会产生150Tg（1Tg=10^{12}克）消耗50Tg，稻田产生100Tg消耗50Tg，牛羊等牲畜消化系统的发酵过程产生100~150Tg，生物体腐败产生10~100Tg，合计每年大气层中的甲烷含量会净增350Tg左右。它在大气中存在的平均寿命在8年左右。

一氧化二氮：它在大气层中的存在寿命是150年左右，尽管在对流层中是化学惰性的，但是可以利用太阳辐射的光解作用在同温层中将其中的90%分解，剩下的10%可以和活跃的原子氧反应而消耗掉。即使如此大气层中的一氧化二氮仍以每年0.5~3Tg的速度净增。

氯氟碳化合物：它们在对流层中也是化学惰性的，但也可在同温层中利用太阳辐射光解掉或和活性碳原子反应消耗掉。

◤ 有害气体的种类

有毒有害气体分为可燃气体和有毒气体两大类，由于它们性质和危害不同，其检测手段也有所不同。

可燃气体是石油化工等工业场合遇到最多的危险气体，它主要是烷烃等有机气体和某些无机气体：如一氧化碳等。

可燃气体发生爆炸必须具备一定的条件，那就是：一定浓度的可燃气体，一定量的氧气以及足够热量点燃它们的火源，这就是爆炸三要素，缺一不可，也就是说，缺少其中任何一个条件都不会引起火灾和爆炸。

当可燃气体和氧气混合并达到一定浓度时，遇到具有一定温度的火源就会发生爆炸。我们把可燃气体遇火源发生爆炸的浓度称为爆炸浓度极限，简称爆炸极限，一般用%表示。实际上，这种混合物也不是在任何混合比例上都会发生爆炸，而要有一个浓度范围。

需要说明的是，LEL检测仪上显示的100%不是可燃气体的浓度达到气体体积的100%，而是达到了LEL的100%，即相当于可燃气体的最低爆炸下限，如果是甲烷，100%LEL=4%体积浓度。

在工作中，以LEL方式测量这些气体的检测仪是我们常见的催化燃烧式检测仪。它的原理是一个双路电桥，一般称作惠斯通电桥，检测单元。

在这其中的一个铂金丝电桥上涂有催化燃烧物质，不论何种易燃气体，只要它能够被电极引燃，铂金丝电桥的电阻就会由于温度变化发生改变，这种电阻变化同可燃气体的浓度成一定比例，通过仪器的电路系统和微处理机可以计算出可燃气体的浓度。

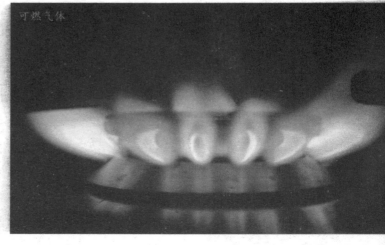

可燃气体

冰川消融

1988年，敲响了全球气候变暖的警钟

1987年，联合国、加拿大和世界气象协会发起召开了一次会议，46个国家的330位科学家和决策人聚集在一起，最后发表了一份声明。声明说，"人类正在全球范围内无意识地进行着一场规模巨大的实验，其最终后果可能仅次于一场全球性核战争"。他们进而敦促发达国家立即采取行动，减少温室效应气体的排放量。

不过，敲响全球气候变暖警钟的一年是1988年。首先，这是有史以来最热的一年，超过了80年代曾创下短暂的高温记录的另外三个年头，69个美国城市，还有莫斯科，创下了最高的单日高温记录。

在洛杉矶，温度计的水银柱指向了110华氏度（43摄氏度），一天之内有400个变压器爆炸。中西部遭受了自黑风暴以来最严重的旱灾，而黄石国家公园几乎要燃烧起来了。

在这次浩劫期间，詹姆斯·汉

森——国家航空和航天局戈达德空间研究中心的主任，在美国参议院能源和自然资源委员会上作证时说："温室效应的存在业已查明，此时它正改变着我们的气候。"他百分之九十九地相信，目前的高温表明确有天气变暖的趋势，而不仅仅是自然变化。

由汉森这样的专家在美国参议院庄严的会议厅中所作的这番陈辞，标志着人类阻止全球气候变暖行动的真正开始。就在那个冗长的夏季，联合国环境规划署在多伦多召开会议，成立了政府间气候变化专门委员会，并开始着手准备即将于1992年6月在里约热内卢召开的环境与发展大会，即后来人们熟知的地球峰会。

政府间气候变化专门委员会的第一份报告于1990年公布，报告认为，大气中温室效应气体的浓度正在增加。它预测，如果情况"一切照旧"的话，在21世纪，每十年气温将升高0.3摄氏度，同时海平面每十年将上涨6厘米。政府间气候变化专门委员会进而认为，要保持目前的二氧化碳浓度，当前温室效应气体的排放量必须减少60%~80%，这意味着最重要的工业和交通运输系统基本上都要被关停。

◣ 气候变暖加大航空成本

在经济全球化的今天，人们对航空运输的需求不断上升，机场越建越多，航空运输业进入高速发展的新时期，这种势头将会一直持续下去。

气温升高会降低发动机的燃烧效率

气候是航空业正常运行的基本条件。全球变暖对飞行有一些正效应，比如冬季冰雪减少可以减少气候对飞行的影响。但是全球变暖导致的极端气候事件却极大地降低了飞行的安全性，增加了航班延误，或者提高了飞机的维护成本，这给航空业带来巨大损失。

美国国家交通安全部门报告，由于天气原因造成的飞行事故占飞行事故总数的23%，天气造成的事故损失、飞机延误以及额外操作成本约30亿美元。

恶劣天气不但影响飞机顺利飞行，有时还直接造成重大航空事故。雷雨产生颠簸气流、结冰、雷电和冰雹，给飞行造成很大困难，严重时使飞机失去控制、损坏、马力减少。大雨能使机身和机翼两者的压力增加5%～20%，给飞机水平动量造成相当大的损失。因此，气候变化对飞行的影响越来越被航空界所重视。

2003年4月15日，一架中国国际航空公司的波音767客机在韩国釜山坠毁，百余人遇难。这起事故与当时恶劣的气象条件有关。去年我国一架2 218号三叉戟机在香港失事，当时天气相当复杂，飞机在进场过程中遇到大阵雨，能见度极坏，给操纵飞机带来极大困难。

此外，大量的极端事件如飓风、暴风雪、冰雹、洪水等都会对航空基础设施造成巨大破坏，或引起航班延误，或因跑道等级偏低限制使用机型，或因道面状况太差影响飞行安全。天气因素是造成70%的美国国家航空公司飞机延误的主要原因，美国的国家

北半球酷暑

和地方运输公司每年要花费近50亿美元修理被冰雪损坏的公路和桥梁。

全球变暖大大削弱了航空运输相对于其他运输方式具有的快速安全优势，制约着航空公司经济效益的增长。

南极海域

气温升高会降低发动机的燃烧效率，这对航空公司来说是一种额外成本。为了应对极端高温天气，航空公司不得不改进技术、更新设备，这也会加大航空公司的负担。

◪ 北半球酷暑令人忧虑

一些欧洲科学家指出，目前北半球许多国家所遇到的酷暑天气，可能标志着人为造成的全球变暖速度正在加快。

据英国《卫报》近日援引德国、意大利和英国等国的科学家的话说，科学家知道全球变暖的步伐正在加快。目前席卷北半球的热浪天气"令人忧虑"，可能与全球变暖有关，同时可能说明人为造成的气候变化速度比人们预想的要快。

德国气象学家米夏埃尔·克诺贝尔斯多夫说，自有记录以来还没有见过欧洲有如此长时间的干旱天气，令人吃惊的是这种极端天气发生的频率如此高。

意大利国家地球物理研究所首席气候学家安东尼奥·纳瓦拉说，地中海地区的平均气温比往年上升了3到4摄氏度。英国气候学家说，他们的新证据显示，目前欧洲和北美遇到的酷暑无法用太阳黑子和火山活动等自然援引来解释，人为的污染肯定是其中的原因之一。

酷暑使人们担心，气候学家早

先可能低估了全球变暖带来的气温变化。联合国政府间气候变化专业委员会曾说，全球最著名的2 000名气候学家预计下个世纪全球平均气温将增加5摄氏度。显然，极端天气今后出现的次数将越来越多。

气候变暖削弱海洋游植物生命力

一种普遍的说法是，人类活动有90%的可能性造成了全球变暖。在这种可能性之下，二氧化碳的排放成为了众矢之的。然而，人类排放的二氧化碳究竟对气候变化造成多大影响，并不是科学家能够一句话给出答案的。

美国艾奥瓦州，存放废弃轮胎的轮胎谷的宏大场面令人唏嘘不已。漫山遍野的废弃轮胎彰显了汽车工业的蓬勃发展，同时也是人类大肆排放温室气体的佐证。

主流的意见认为，人类活动对气候变化负有"主要"责任。但这个"主要"的比例究竟有多大，并没有确切的数字。有学者提出，造成气候变化的因素中人类活动占

艾奥瓦州

北大西洋浮游植物生长速度下降

40%或60%，但这种说法并没有得到广泛的接受。目前可以确知的数字是，工业革命之后，大气中二氧化碳的含量增加了30%。

许多人根据温室效应的"常识"会认为，二氧化碳含量的增加会加剧温室效应，从而让地球升温。而实际的情况是，温室效应没有这么简单。

据美国宇航局网站报道，由研究员沃森·格雷格领导的研究小组对宇航局的人造卫星资料进行大量分析后发现，从上世纪80年代初到90年代中期，北大西洋浮游植物的生长速度下降了7%。在北太平洋和南极海域，浮游植物的生长速度分别降低了9%和10%。

绿色植物通过光合作用吸收的太阳能减去绿色植物本身消耗的能量，可以得到一个名为净初始生产力的差值，这个数值代表绿色植物支持地球动物生存的生物化学能量。美国专家分析认为，近20年来全球海洋的总ＮＰＰ值下降了约6%，导致上述结果的主要原因是全球气候变暖。

吐瓦鲁

统计显示，近20年来全球海洋表面温度上升了0.2摄氏度，温度的上升增加了海水内部的水温层次，限制了营养物质丰富的深层海水与表层海水的融合，因此生活在海水表层的浮游植物无法获得充足的营养，其生命力逐渐降低。

尽管南极海域的温度上升幅度很小，但是气候的异常导致南极海面的风力逐渐增强。为躲避强风，那里的浮游植物潜入了更深的海水中，这样它们所能接触到的阳光就会减少，生命力就不可避免地会有所下降。

全球变暖就会消失的国家

吐瓦鲁是西太平洋中的群岛国家，它由九个珊瑚岛组成，最近，其最大的岛屿周边被海水侵入了一米，虽说只有一米，但对于这个长度只有几百米的狭长岛屿来说，一米都输不起啊！吐瓦鲁有1.2万人口，该国家几乎有一半的人口都居住在富那富提岛，其蜿蜒蛇形的海岸线被太平洋海水不断地拍打。

坦桑尼亚。坦桑尼亚的环境部长称："气候变化所带来的影响越来越明显，乞力马扎罗山80%的冰川在过去的50年内消失掉了。"

巴巴多斯。拉丁州美洲国家巴巴多斯，位于东加勒比海。珊瑚白化是该国所面临的问题之一，温度上升会引起珊瑚白化，导致其死亡。此外，强烈的飓风、上升的海平面、岸滩侵蚀、水资源紧张等问题也困扰着这个国家。

孟加拉。孟加拉外长说："据估计，到2050年，将会有孟加拉人迫于气候变化的影响，背井离乡。"如果海平面上升一米，该国将有30%地域被海水淹没。

尼泊尔。尼泊尔的环境部长说："近年来，尼泊尔面临很多环境问题，如冰川融化，蓝湖很可能决堤而引发洪水，洪水暴发越来越频繁，泥石流时常发生，雨型改变等。"

在哥本哈根峰会之前，尼泊尔政府内阁在珠穆朗玛峰下召开会议，以引起世界对其问题的关注。

不丹。不丹也面临着类似的威胁，其环境委员会主席说："特别是

坦桑尼亚

不丹远景

对于像不丹这样的山地国家来说看，冰川蓝湖决堤很可能随时引起洪水暴发。"

有毒气体的危害

有毒气体既可以存在于生产原料中，如大多数的有机化学物质，也可能存在于生产过程的各个环节的副产品中，如氨、一氧化碳、硫化氢等等。它们是对工作人员造成危害最大的危险因素。

这种危害不仅包括立即的伤害，如身体不适、发病、死亡等等，

而且包括对于人体长期的危害，如致残、癌变等等。对于这些有毒有害气体的检测是我们发展中国家应当开始引起充分重视的问题。

随气体种类不同，其TWA、STEL、IDLH、MAC等值会有一定的不同。目前，对于特定的有毒气体的检测，我们使用最多的是专用气体传感器。它可以包括前两章所介绍的光离子化检测仪。其中，检测无机气体最为普遍、技术相对成熟、综合指标最好的方法是定电位电解式方法，也就是我们常说的电化学

传感器。

电化学传感器的构成是：将两个反应电极——工作电极和对电极以及一个参比电极放置在特定电解液中，然后在反应电极之间加上足够的电压，使透过涂有重金属催化剂薄膜的待测气体进行氧化还原反

氯化氢等等。

检测VOC检测器可以使用前章介绍的光离子化检测器。

氧气也是在工业环境中，尤其是密闭环境中需要十分注意因素。

一般我们将空气中氧气含量超过23.5%称为氧气过量，此时很

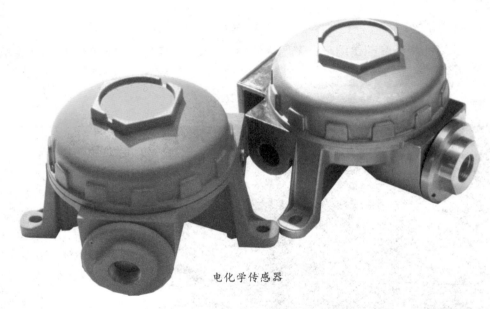

电化学传感器

应，再通过仪器中的电路系统测量气体电解时产生的电流，然后由其中的微处理器计算出气体的浓度。

目前，可以检测到特定气体的电化学传感器包括：一氧化碳、硫化氢、二氧化硫、一氧化氮、二氧化氮、氨气、氯气、氰氢酸、环氧乙烷、

容易发生爆炸的危险；而氧气含量低于19.5%为氧气不足，此时很容易发生工人窒息、昏迷以至死亡的危险。

正常的氧气含量应当在20.9%左右。氧气检测仪也是电化学传感器的一种。

迷你知识卡

化石燃料

亦称矿石燃料,是一种碳氢化合物或其衍生物,其包括的天然资源为煤炭、石油和天然气等。化石燃料的运用能使工业大规模发展,而替代水车。当发电的时候,在燃烧化石燃料的过程中会产生能量,从而推动涡轮机产生动力。旧式的发电机是使用蒸汽来推动涡轮机的。现时,很多发电站都已采用燃气涡轮引擎,那是利用燃气直接来推动涡轮机的。

华 氏 度

华氏度和摄氏度都是用来计量温度的单位。包括中国在内的世界上很多国家都使用摄氏度,美国和其他一些英语国家使用华氏度而较少使用摄氏度。

太阳黑子

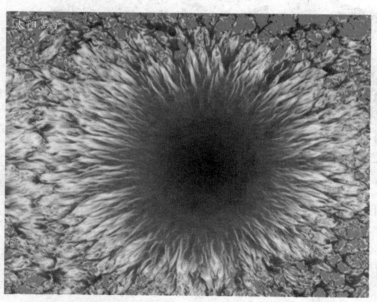

是在太阳的光球层上发生的一种太阳活动,是太阳活动中最基本、最明显的。一般认为,太阳黑子实际上是太阳表面一种炽热气体的巨大漩涡,温度大约为4 500摄氏度。因为其温度比太阳的光球层表面温度要低1 000到2 000摄氏度,所以看上去像一些深暗色的斑点。

太阳黑子很少单独活动,通常是成群出现。黑子的活动周期为11.2年,活跃时会对地球的磁场产生影响,主要是使地球南北极和赤道的大气环流作经向流动,从而造成恶劣天气,使气候转冷。

第4章 "温室效应"，生物大灭绝真凶？

1. 灾难性小行星撞击只是意外
2. "奇科苏卢布"陨石坑
3. 真凶很可能就是地球本身
4. 刺激性气体的危害与预防
5. 全球变暖令远古细菌重生
6. 石器时代的古老来客
7. 史前瘟疫将卷土重来？
8. 导致全球变暖的真正元凶

◤ 灾难性小行星撞击只是意外

200多年前，人们首次认识到历史上发生过生物大灭绝事件。古生物学家曾经相信，生物大灭绝是一个逐渐发生的过程，是气候变化和捕食、竞争及疾病等生物因素综合作用的结果。

对生物大灭绝的理解在1980年经历了一场"库恩式"革命：那一年，美国加利福尼亚大学伯克利分校的地质学家沃尔特·阿尔瓦雷斯领导的研究小组指出，著名的恐龙灭绝事件是在6 500万年前的一场生态灾难中迅速发生的，当时一颗小行星撞击了地球，引发了这场大灾难。

随后20年间，人们广泛接受了来自太空的火流星可以重创地球上大部分生命的观点；许多研究人员最终认为，在5次最大规模的生物灭绝事件中，至少有3次可能是宇宙碎石造成的。随着《天地大冲撞》和《世界末日》等好莱坞灾难大片的上映，公众明确地接受了这种观点。

新的地质化学证据正从大量岩层中涌现出来,它们记录着生物大灭绝的真相。科学家在那里发现了激动人心的化学残余——这些被称为有机生物标记的证据,是由通常无法留下化石的微小生命形式产生的。

这些资料清晰地揭示,在造成生物大灭绝的原因之中,灾难性小行星撞击只是特例,而不是普遍规则。

大多数情况下,地球本身似乎以人们不曾想象的方式成为生命的宿敌。目前,人类活动可能正再度把生物圈置于危险之中。

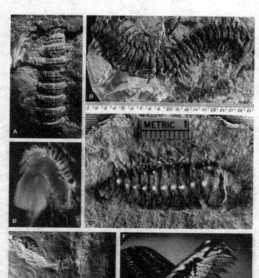

大量岩层记录着生物大灭绝的真相

"奇科苏卢布"陨石坑

由阿尔瓦雷斯本人、他的父亲物理学家路易·W·阿尔瓦雷斯以及两位核化学家——海伦·V·米歇尔和弗兰克·阿萨罗共同提出:首先,一颗直径约为10千米的小行星,在6 500万年前撞击了地球;其次,撞击产生了严重的后果,使一半以上的物种灰飞烟灭。

他们在厚厚的铱层中发现了那场撞击留下的痕迹:含铱的尘埃当时撒满了地球——这种元素在地球上颇为稀少,但在地外物质中却比较常见。

这个惊人观点发表不到10年,人们就发现了撞击灾难的直接证据——"奇科苏卢布"陨石坑,它就隐藏在墨西哥的尤卡坦半岛。这一发现消除了长久以来的疑问,为恐龙王国是否毁于一场天地大冲撞给出了肯定的答案。

过去5亿年间,发生了5次让大多数地球生命形式彻底消失的事件:第一次发生在奥陶纪末期,距今约4.43亿年;第二次发生在3.74亿年前,接近泥盆纪末期;规模最大的一次则发生在二叠纪末期，距今2.51亿年，当时90%的海洋生物和70%的陆地动植物，甚至昆虫，都毁于一旦。

三叠纪末期，全球性生物灭绝的惨剧再次上演，距今2.01亿年；最后一次生物大灭绝发生在6 500万年前，也就是前面提到的、发生在白垩纪末期的那场天地大冲撞。

20世纪90年代初期，古生物学家戴维·劳普发表了著作——《生物灭绝：坏基因还是坏运气？》。他在书中大胆预测，人们最终可能会发现，撞击是所有生物大灭绝和其他毁灭性稍弱的生物灭绝事件的罪魁祸首。

在白垩纪和第三纪之间的地质界线，即K/T界线，白垩纪和第三纪的交界称作"K/T"中找到的撞击证据，当然很有说服力："奇科苏卢布"陨石坑、清晰的铱层以及撞击碎片，无不证明了撞击事件的发生。古代沉积物中还有更多的化学线索，它们记录了地球大气成分及气候随后发生的迅速变化。

对其他几个生物灭绝时期而言，证据也似乎指向"天上"。20世纪70年代初期，地质学家已经将一层薄薄的铱层与泥盆纪末期的生物灭绝联系了起来。到了2002年，其他发现揭示了三叠纪末期和二叠纪末期发生的撞击。

三叠纪地质层中也找到了微量的铱元素。对于二叠纪而言，人们认为，独特的"碳笼"分子包含了捕获的地外气体，这又增添了一条

泥盆纪末期遗留物

令人激动的线索。

因此，许多科学家开始推测，在5次生物大灭绝中，有4次是由小行星或彗星撞击地球引起的。唯一的例外是奥陶纪末期的生物大灭绝，科学家已经断定，这一事件是我们邻近宇宙中的一颗恒星发生爆炸所产生的致命辐射的结果。

◥ 真凶很可能就是地球本身

如果造成生物大灭绝的真凶不是突然撞击地球的小行星，那么究竟会是什么呢？种种新发现的证据表明，真凶很可能就是地球本身！

K/T界线事件的启示在于，地震过后，城市很快就得以重建。K/T

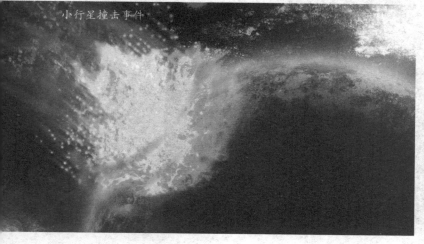

小行星撞击事件

界线灭绝事件的碳同位素数据和化石记录，都反映了毁灭和随后的恢复速度，不过科学界颇费了一番功夫，才证明了灾难之后的恢复速度。

从钙质和硅质浮游生物以及植物孢子的化石上，也就是在那些体积最小而数量又最多的化石中，的确可以明显地看到，K/T界线上的生物如预期的一样，出现了突然消亡殆尽的现象。但是，一个种群中的化石越大，灭绝的步伐似乎就越平缓。

为了解决采样不完善带来的问题，也为了描绘一幅更清晰的生物灭绝进程图景，美国哈佛大学的古生物学家查尔斯·马歇尔提出了一种新的统计方法，用来分析化石的分布。

最终证明，那些过去看起来像是逐渐灭绝的、数量最丰富的较大型海洋动物——欧洲的菊石，与具有壳室的鹦鹉螺有亲缘关系的软体动物化石其实是在K/T界线突然消失的，而不是连贯的。

冰川

许多人都熟悉其中一种同位素——碳14，因为人们常用它的衰变来测定特定化石骨骼或古沉积物样本的年代。不过，地质记录中可以找到一种更加有用的信息，来解释生物大灭绝事件，那就是碳12和碳13的同位素比例，它有助于人们更全面地认识当时的植物生命力。

通过检测生物大灭绝之前、之中和之后的碳同位素比例，研究人员可以得到海洋和陆地植物形体总量的可靠指标。

研究人员把K/T界线灭绝事件的碳同位素比例绘制成图，碳同位素比例的改变与所谓的撞击层，包括许多矿物碎片证据的地质层，几乎同时出现：短时间内，碳13急剧下降。这个结果表明，当时的植物突然间几乎消亡殆尽，后来又迅速恢复。

这个发现与较大的陆地植物和海洋微型浮游生物的化石记录完全一致，这些生物在K/T界线灭绝事件中损失惊人，但很快得以恢复。

在那两次灭绝事件中，同位素比例在超过5万年到10万年的时间间隔内，发生了不止一次的改变，这表明植物群落消失了，随后得以恢复，结果又遭到一系列灭绝事件的一再打击。要产生这种灭绝模式，可能需要在数千年的时间间隔内，发生一连串的小行星撞击事件才行。但是，没有任何矿物学证据表明，在那两个生物大灭绝时期内，曾经发生过一连串的小行星撞击。

那么究竟是什么导致了生物的

大规模死亡呢？新一类证据表明，地球本身就可以消灭栖息在它上面的生物，而且这样的惨剧可能已经发生过了。

◣ 刺激性气体的危害与预防

许多工业生产过程都存在刺激性气体，如电焊、电镀、冶炼、化工、石油等行业。这些气体多具有腐蚀性，经呼吸道进入人体可造成急性中毒。

刺激性气体对机体的毒作用的共同特点是对眼、呼吸道粘膜及皮肤都具有不同程度的刺激性。一般以局部损害为主，但也可引起全身反应。

刺激性气体的危害与预防

"三酸"蒸气既可刺激呼吸道粘膜，也可引起皮肤烧伤；长期接触低浓度酸雾，还可刺激牙齿，引起牙齿酸蚀症。氯、氨、二氧化硫、三氧化硫等水溶性大，遇到湿润部位即易引起损害作用。

如吸入这些气体后，在上呼吸道粘膜溶解，直接刺激粘膜，引起上呼吸道粘膜充血、水肿、和分泌增加，产生化学性炎症反应，出现流涕、喉痒、呛咳等症状。

氮氧化物、光气等水溶性小，它们通过上呼吸道粘膜时，很少引起水解作用，故粘膜刺激作用轻微；但可继续深入支气管和肺泡，逐渐与粘膜上的水分起作用，对肺组织产生较强的刺激和腐蚀作用，严重时出现肺水肿。

刺激性气体的预防重点，是杜绝意外事故，防止跑、冒、滴、漏，并作好废气回收及综合利用。

生产过程的自动化、机械化和管道化

采用自动控制技术，自动调节以维持正常操作条件，防止事故发生；提高设备的密闭性，防止金属设备腐蚀破裂；根据生产工艺特点选用合适的通风方法。

古老的冰芯

加强个人防护，大量接触酸、碱等腐蚀性液体毒物时，应穿戴耐腐蚀的防护用具，如聚氯乙烯、橡皮制品、橡皮手套、防护眼镜、防护胶鞋等；戴防毒口罩或防护面具；涂皮肤防护油膏。

加强健康监护，做好岗前及定期体检，发现有过敏性哮喘、过敏性皮肤病或皮肤暴露部位有湿疹等疾患、眼及鼻、咽喉、气管等呼吸道慢性疾患、肺结核以及心脏病患者，不应做接触刺激性气体的工作。

◣ 全球变暖令远古细菌重生

据《科学美国人》网站报道，那些冰封在南极和格陵兰巨厚冰盖下的古老生命正在静静等待重生。就像是来自遥远过去的时间胶囊，南极和格陵兰这样的冰川环境提供了一种可能性，让那些微小的生命体得以生存下来。

它们的历史可能比人类诞生的时间还要早，这个失落的世界一直被冻结在冰川之下，度过变化的气候和漫长的时间。而现在，它们或许即将再次获得自由。

中更新世距今大约75万年，当时曾经发生了显著的气候转变。巨厚的冰盖环境原先曾被科学家们认为是过分严酷因而无法支持生命存活的，但是现在我们已经知道情况并非如此，这一环境事实上是一个巨大的微生物冷藏库。

据估算，所有被冰封在冰盖当中或冰盖下方的微生物细胞总数几乎相当于全球总人口的1 000倍。

冰原冻土

约翰·普利斯库是美国蒙大拿州立大学教授，南极微生物研究方面的开拓者。他指出，将自己置于深度冷冻状态冰封于冰川之中是微生物的一种进化策略，它们可以借此保存自己的基因蓝图，等待未来重生的机会。这是一种保存基因库的方式。你将某样东西放在冰雪之中，然后100万年后冰雪消融，它又再次出现了。

普利斯库在过去的28年内一直在研究南极大陆上他称之为"冰雪中的虫子"的微生命体。南极大陆拥有地球上最古老的冰层。其中有一部分冰层的历史可以追溯到100万年前，甚至有一部分冰层的历史

超过800万年。

普利斯库本人曾经在距今42万年的古老冰芯中发现活着的细菌，并且它们还能在被提取出来之后在实验室内照常生长。

还有一些研究者还报告在更加古老的冰芯中发现活体细菌的案例。这些冰层环境让这些细菌拥有了一种近似"永垂不朽"的状态，冰层就像一个巨型冷藏库，帮助它们保存它们的基因蓝本，让它们得以在环境条件允许的情况下重见天日。

那样的场景将会导致出现冰川版的《侏罗纪公园》吗？科学家们并不这么认为。因为能够在冰盖下寒冷，黑暗，压力巨大的极端环境中熬过如此漫长时间，并且几乎没有任何食物来源的，也就只有某些种类的微生物而已。

除此之外，随着温室效应导致的全球变暖在两极地区表现的更加明显，科学家们对冰层中封存的微

生物便愈加关注。研究人员正试图弄清这些微生物如何能挺过如此漫长时间的极端环境并存活下来，它们中的一些看起来已经在近乎完全静止的状态下度过了上百万年。

位于西伯利亚、阿拉斯加和南极洲的冰原冻土，也叫永久冻结带是终年积雪的严寒地带，环境十分严酷，生物难以在此生存。但科学家现在发现，这些冰原冻土里还是生存着很多种微生物，包括矽藻类、细菌、酵母菌、绀色菌等，它们虽然长时间处于冰封环境下，但解冻后仍然能复活。

科学家就复活了冻土里冰封六十万年前的远古细菌。冰原冻土因环境恶劣而难以深入考察，一直是令人向往的神秘园。然而，随着全球变暖的加剧，这些永久冻结带将不再永久了。

冰冻的力量是巨大的。在加拿大图克托亚图克半岛上，表面的水都结成了冰，并将冻土提升成一个锥形堆，像一座小山丘，

只是山丘里都是冰，而不是石头。虽然它看上去并不大，但如果融化造成的后果却非常严重。美国国家大气研究中心发布的一项研究报告指出，全球变暖将使得北半球的永久冻结带冰石逐渐融化，并改变整个地球的生态系统，加拿大、美国阿拉斯加和俄罗斯相关地区的建筑、道路都将被摧毁。

冰原冻土分布在广袤的北半球上，在冰岛中心的丘陵地带，夏季冰河融化后的水以不同的路线从附近的冰河流出，在冰河两侧汇成了许多小池塘。由于不能渗透到地下，这些浅水池不断蔓延，成了一大风景。

在挪威的斯匹次卑尔根岛上，多年的深度冷冻使冰冻的流域看起

冰岛

斯匹次卑尔根岛

冻必将使得大量冰水流入北冰洋，并且释放出大量的二氧化碳等温室气体。

阿拉斯加在北美大陆西北端，靠近北冰洋岸，气候严寒。北冰洋沿岸及白令海沿岸苔原广布，只在夏季表面融解成沼泽地，生长苔藓地衣。在阿拉斯加的一处沼泽地，褐色干燥沼泽边上长满了翠绿色的莎草和其他喜湿植物。

来像是雕刻画。斯匹次卑尔根岛是斯瓦尔巴群岛中最大的一个岛，据说岛上的居民是地球上生存得最北端的人类。而该岛的另一侧好像是一张饱经风霜的面孔，上面有深深的疤痕和皱纹，还有"三角眼"，已是满目苍痍。

在加拿大北极的一个冰岛上，温暖的水形成了越来越大的港湾，且大有不断扩张之势。当富含碳的冻土有机质解冻，冰化成水时，它们就会腐烂，释放巨大的温室气体，包括沼气。美国国家大气研究中心预测，到2050年，该永久冻结带的表层将解冻一半以上，而到2100年，解冻率将超过90%。解

随着年复一年的溶化和再冷冻，冰原冻土上堆了一层活动的土壤。在北极岛，地面上优美的沉积物和粗糙的砂砾在不断转移和倾斜，如同活跃土层在反复扩张和收缩，它们推推挤挤了数个世纪，形成了圆圈和线路纵横交错的迷宫，装饰着北极岛。

◢ 石器时代的古老来客

随着冰层加速消融，大量没掩埋和冰封的有机物将暴露出来并开始腐烂，这将产生大量的二氧化

碳和甲烷。这些都是温室气体，它们进入大气层将可能引发的效应已经引起了气候研究专家们的普遍担忧。除了对大气造成的影响，大量微生物涌入海洋也必将对海洋生态系统构成挑战，让海洋脆弱的化学环境更加岌岌可危。

科学家们还发现即便是在冰封在冰雪之中，这些微生物竟然还在进行着进化。他们相互之间交换DNA物质并发生变异，获得新的特征。

尽管这些习惯生活的寒冷环境中的微生物似乎并不会对温血生命构成什么威胁，但是它们确实将可能排挤并驱逐现代的其他细菌和微生物物种，这样的情景将会造成何种后果我们现在还不甚了解。

这些被冰封的细菌体，在经历数十万年的休眠之后，一旦环境条件允许，它们仍然具备正常生长繁殖的能力。

这些微生物体的出现给了科学家们一个极好的机会，去对过去的古老基因组展开研究，并且可以通过这些生活在温暖和寒冷不同气温下的古代细菌去了解地球过去的气候模式。

◹ 史前瘟疫将卷土重来？

来自美国俄亥俄州博林格林州立大学生命科学系的进化生物学家斯科特·罗杰斯曾经在格陵兰的冰层下发现距今14万年，但仍然存活的病毒样本，他相信存在一些生命力特别顽强的病毒，如导致脊髓灰质炎的病毒毒株，它们可以经受冰雪的封存并在此后卷土重来。

不过他和其他大多数科学家都并不认为极地冰雪的融化将会导致类似好莱坞大片《传染病》中所描述的那种全球性的传染性疾病大爆发。人类和其他大多数

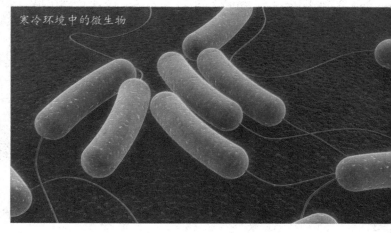
寒冷环境中的微生物

消融的冰山

全世界10年内所有机动车释放出的尾气总和。当然并非所有含碳物质都会直接被转化为温室气体，但是任何一点二氧化碳排放都将加剧目前严峻的状态。

尽管这些从冰雪封存下被释放出来的微生物体或许并不太可能像科幻电影中所描述的那样变成肆虐全球的致命杀手，但它们的出现将确实的为我们的将来带来另一种隐忧。

当将其它显示全球气候发生转变的表现考虑在内——不断上升的海平面，发生改变的生物栖息地，不断减小的行星总体反照率，等等，我们的星球系统已经开始失去平衡，或许这些被从冰雪下释放出来的微生物，它们所能造成的最大潜在威胁便是它们会不会成为压垮地球整个生态系统运行的最后一根稻草？

动物都已经经过进化适应了较为温暖的气候环境，他们难以在冰雪下存活。而病毒在这种气候条件下则并没有什么优势，显得相当脆弱。

另外一种更加显著的可能性是冰雪的消融将会导致大量古老的微生物基因物质流入大海，和现代生命体的基因物质相混合，让海洋环境中突然充斥大量陌生的有机物质。

消融的冰川同样将释放出巨量的有机体，这些有机体暴露于温暖的环境中，从而开始迅速腐烂。

科学家们估计，曾经被封存在冰川中和冰川下方的大量含碳物质一旦被转化为二氧化碳，将相当于

■ 导致全球变暖的真正元凶

人类需要对工业化过程中

的"物质文明"进行反思，主流国家和社会是否把人类引向错误的方向。从全球角度讲，21世纪在物质财富高速聚集的同时，数亿发展中国家人民却生活在饥饿中，这说明人类并不文明，或者说人类的发展呈现出"畸形的物质文明"。导致全球变暖的因素如果用一句话来概括就是人类对物质财富的贪婪追求所导致的。自工业化以来，人类的活动超出地球生态系统和生命系统自恢复能力，人类一直在透支着地球。

肉食是造成全球暖化的最大元凶。

联合国2006年《牲畜的巨大阴影：环境问题与选择》报告指出，肉食是造成全球暖化的最大元凶。科学家已经证明肉食对人类、动物和地球生态系统，都有极大的负面影响。

一是排放大量温室气体。畜牧业所产生的温室气体比全球交通运输业总的排放量还多。人类活动所产生的一氧化氮有65%来自肉食，而一氧化氮的温室效应为二氧化碳的296倍；人类活动所产生的甲烷有37%来自肉食，而甲烷温室效应为二氧化碳的23倍。

美国世界观察研究院2007年报告指出，牲畜所产生的温室气体，占全球温室气体总量的18%，按二氧化碳当量计算，比起所有飞机、船舶、车辆等交通运输业所占的14%还要高。

二是消耗过多地球资源并导致人类饥荒。生产肉食造成土地、人力、水、金钱的巨大浪费，尤其是以美国式的大规模机械化耕作及工业化的畜牧经营为甚。

生产1磅肉需要2 500加仑的水，相当于一个家庭一个月的用

牲畜也产生温室气体

牲畜地产生温室

水量；种植谷类、蔬菜和水果所需能源仅仅是饲养牲畜所需能源的3%。

生长1千克牛肉大约需要8千克谷物饲料，1千克鸡肉大约需要2千克谷物饲料。人类在2005年吃掉的动物数量总计为4 242亿只，平均每天吃掉的各种动物数量总和约在12亿只左右。

其中还不包括2.2亿头奶牛，为了将来吃而正在饲养的应是吃掉的2倍多。种植的玉米、大豆大部分成为动物的饲料，但是全世界有8亿人口正在挨饿或营养不良。

2008年，全球共有37个国家和地区面临粮食危机，而且日趋升高的粮食成本已经在全球多个国家和地区造成社会动荡。据联合国粮农组织(FAO)统计，2007年，被直接用作人类食物的粮食1.01万亿千克，仅占当年世界粮食产量2.13万亿千克的47.42%。全球消除饥饿所需填补的粮食缺口仅500亿千克，而全世界用作饲料用途的粮食达7 600亿千克。

三是森林遭砍伐和草原被退化的重要原因。超过70%的亚马逊热带雨林遭砍伐是为了生产肉食品。国际林业研究中心报告显示，巴西因养牛业砍伐的森林是大豆生产的6倍，巴西1.7亿头牛中，80%的增长来自亚马逊雨林。

在1990—2000年间，巴西因养牛而砍伐雨林的面积从4150万公顷增加到5 870万公顷。内蒙古草原退化的重要原因也是长期畜养牲畜严重超载所致。在1989—2006年仅17年间，内蒙古牲畜数量就由5 000万急头升至1亿头，过度放牧导致草原的退化和沙漠化。

粗放型工业化道路加速全球

暖化。

地球的生态平衡维持了40亿年，却在过去工业革命兴起以来的200年间遭到严重破坏。发达国家通过侵略、掠夺全球资源，牺牲、破坏全球生态环境为代价成功地实现了工业化。发达国家在上世纪五六十年代曾掀起反污染浪潮，并在生态环境建设方面取得了辉煌成就，局部地区的生态环境开始改善。

但由于发达国家经济规模的庞大以及向发展中国家转嫁生态危机，他们仍是全球生态环境的破坏者，例如美国是全球温室气体排放的头号国家。而发展中国家依然在走一条先污染后治理的粗放型工业化道路。我国改革开放取得举世瞩目成就的同时，也在付出巨大的环境成本。

奢侈生活方式助推全球暖化。

地球资源完全可以满足全人类过上有尊严的生活，满足人类可持续发展，但却无法满足人类涸泽而渔的贪婪奢侈的生活方式。

50多年前印度独立前夕，有人问圣雄甘地，印度独立之后能否达到英国的生活水平。甘地回答："英国耗费地球一半的资源来实现它的繁荣。那么，像印度这样的国家需要几个地球呢？"按印度当时的人口计算需要8个地球。

一位西方学者对此问题有更精确估算："为了使占世界人口6%的美国居民维持他们使人羡慕的消费水平，需要耗费大约三分之一的世界矿物资源产量。假定世界80%的人口一无所有，目前的能流量至多可使18%的世界人口享受到美国的消费水平。"

奢侈生活方

陨石坑

 迷你知识卡

陨石坑

较大的陨石坑又称环形山。是行星、卫星、小行星或其它天体表面通过陨石撞击而形成的环形的凹坑。陨石坑的中心往往会有一座小山，在地球上陨石坑内常常会充水，形成撞击湖，湖心有一座小岛。

二叠纪

是古生代的最后一个纪，也是重要的成煤期。二叠纪开始于距今约2.95亿年，延至2.5亿年，共经历了4 500万年。二叠纪的地壳运动比较活跃，古板块间的相对运动加剧，世界范围内的许多地槽封闭并陆续地形成褶皱山系，古板块间逐渐拚接形成联合古大陆。

陆地面积的进一步扩大，海洋范围的缩小，自然地理环境的变化，促进了生物界的重要演化，预示着生物发展史上一个新时期的到来。

奥陶纪

古生代第二个纪，约开始于5亿年前，结束于4.4亿年前。在此期间形成的地层称奥陶系，位于寒武纪之上，志留纪之下。奥陶纪是英国地质学家C·拉普沃思于1879年命名的，奥陶纪包括原来属于A·塞奇威克命名的寒武纪和志留纪是两地层的重复部分。

第5章 航空业给"温室效应"提了速

1. 来自五角大楼的绝密报告
2. 二氧化硫、氮氧化物和光气的危害
3. 百年内英国寒如冰岛
4. 泰晤士河大坝2030年后将被淹没
5. 飞机排放的污染物更易导致气候变暖
6. 井边抽烟抽来水井喷火
7. 飞机尾气导致美国气候变暖
8. 空气中的有害气体
9. "冰芯钻取计划"为"温室效应"平反

◾ 来自五角大楼的绝密报告

据英国《观察家》报道，五角大楼在向布什总统递交的一份绝密报告中警告说：今后20年全球气候变化对人类构成的威胁要胜过恐怖主义。届时，因气候变暖、全球海平面升高，人类赖以生存的土地和资源将锐减，并因此引发大规模的骚乱、冲突甚至核战争，成百上千万人将在战争和自然灾害中死亡。

这份由五角大楼富有影响力的防御顾问安德鲁·马歇尔为首执笔的报告，包含了美国诸多国防专家的研究成果和心血，是仅供布什总统参阅的文件，被五角大楼列为绝密级的报告。但《观察家》报不知通过什么渠道，竟神通广大地搞到了这份绝密报告的副本。

从这份报告中可以看到，气候变化将成为人类的大敌，报告预测，今后20年气候的突然变化将导致地球陷入无政府主义状态，各国都将纷纷发展核武器来捍卫粮食、

二氧化硫对大气污染危害很大

水源和能源供应，不让这些赖以生存的物资遭到他人蚕食。由于人类面临生存的恐怖威胁，因此，全世界届时将爆发巨大的骚乱、饥荒甚至核冲突。

报告预测，20年后，由于海平面急剧的升高，欧洲大陆的主要城市将沉没，英国将陷入"西伯利亚"似的寒冬气候。这种对全球稳定的迫在眉睫的威胁将使恐怖主义的威胁黯然失色。报告最后分析道："分裂与冲突将成为人类生活普遍的特征，战争将成为人类生活的定义。"

"这是一种非常独特的国家安全威胁，因为没有任何敌人拿枪指着你，我们对威胁无从控制。"专家们在报告中总结道，气候变化的灾难性后果并非耸人听闻，而是"具有一定的可信度，并会在很多方面对美国的国家安全构成挑战，应当立即引起重视"。

二氧化硫、氮氧化物和光气的危害

二氧化硫主要来自含硫矿物燃料、煤和石油的燃烧产物，在金属矿物的焙烧、毛和丝的漂白、化学纸浆和制酸等生产过程亦有含二氧化硫的废气排出。

二氧化硫是无色、有硫酸味的强刺激性气体，易溶于水，与水蒸气接触生成硫酸，对眼睛、呼吸道有强烈的刺激和腐蚀作用，可引起喉咙和支气管发炎，呼吸麻痹，严重时引起肺水肿。

它是一种活性毒物，在空气中

可以氧化成三氧化硫，形成硫酸烟雾，其毒性要比二氧化硫大10倍。

二氧化硫对呼吸器官有强烈的腐蚀作用，使鼻、咽喉和支气管发炎。

氮氧化物主要来源于燃料的燃烧及化工、电镀等生产过程。

氮氧化物是棕红色气体，对呼吸器官有强烈刺激，能引起急性哮喘病，实验证明，二氧化氮会迅速破坏肺细胞，可能是肺气肿和肺瘤的病因之一。

职业性急性光气中毒是在生产环境中吸入光气引起的以急性呼吸系统损害为主的全身性疾病。

光气生产中，氯代烃高温燃烧中，光气进行有机合成，在制造染料、农药、医药等生产中均可接触到光气。

临床主要引起呼吸道粘膜刺激症状，重者引起支气管痉挛、化学性炎症、肺水肿、窒息等。急性中毒治愈后，一般无后遗症，重度病例可留有明显的呼吸系统症状或体征。

百年内英国寒如冰岛

美国一位科学家近日警告说，由于近年来全球气候普遍变暖，影响英国气候的墨西哥湾暖流也许会突然中断，因此，在未来100年内，英伦三岛的天气可能会变得像冰岛一样寒冷。

英国

"西伯利亚"寒冬气候

该科学家指出，正常情况下，墨西哥湾暖流总是携带着海洋热能流经英国海岸，这就是英伦岛气候一直比较温和、冬天不冷、夏天不热的原因。如果哪一天墨西哥湾暖流不再携热能而来，英国各岛上的气温必将直线下降。

英国广播公司电视二台的《视野》栏目昨晚播放的《大严寒》电视片，对未来100年内英国气候可能发生的变化进行了详细预测和解释。美国伍兹·霍尔海洋协会的海洋学专家特里·乔伊斯解释说："气候突然发生变化的可能性正在增加，因为全球气候变暖正在把我们推向这种可能性的边缘。因此，

我认为，在未来100年间，有50%的可能会出现英国气候变冷的现象。"这种变化差不多是突然间出现的，"变化幅度会很大，10年期间我们会感到很暖和，但下一个10年，我们就会经历过去100年间从未经历过的严寒天气。"

多年以来，英国阿伯西渔业研究局的比尔·特里尔博士一直在对流经苏格兰北部的墨西哥湾暖流的海水咸度进行测量研究。

特里尔博士说，如果暖流海水的咸度降低，就表明推动暖流前进的海水动力正在减弱。全球气候变暖这一自然现象正威胁着墨西哥湾暖流的正常流动，因为气候变暖导致流入海洋中的淡水数目增多，从而冲淡了墨西哥湾暖流的海水咸度。这样，影响英国气候的暖流就会停止向下沉落，海洋的热能就无法再传输到英国地区。

特里尔博士的测量结果表明：墨西哥湾暖流的海水咸度的确正在下降。他在《大严寒》电视片中表示："这是我职业生涯中所观察到的最基本的变化，看到这样的结果我们真是感到担心，以前我们从来没有看到过这种变化。"

◤ 泰晤士河大坝2030年后将被淹没

据英国《卫报》报道，英国政府今天发表报告说，洪水威胁正在达到"不可接受的水平"，由于气候变迁，400万英国人正面临住宅被洪水淹没的威胁。

英国政府科技办公室的报告对全球性气候变暖在今后50年对英国人的影响给出了到目前为止最悲观的描述，认为很多城镇面临海平面上涨、河流发洪水的威胁。

因此，报告建议，应该制定长期决策，防止未来出现灾难。科技办公室负责人大卫爵士今年年初警告说，全球气候变暖是比恐怖主义更大的威胁。

报告指出，在城市里应该建立新的"绿色通道"，以协助排洪，有些情况下，政府要买下一些城市

泰晤士河大坝

飞机排放的污染物更易导致气候变暖

地产，建立容纳洪水的空地。报告称："炼油厂等一些设施可能要迁往内地，但是海滨城市很难迁址。在威尔士等地区，这可能威胁到海滩和旅游业。"

这份报告是英国乃至考虑到这一威胁的最详尽报告。英国东海岸城镇面临的威胁最大，还采用维多利亚时代排水系统的城市将面临新问题，可能导致污物溢出，长期不退，就像中欧最近的洪水那样。英国政府已经作出了反应，他们表示，环境部正在为泰晤士河大坝寻找替代品，因为它可能在2030年后被淹没。

飞机排放的污染物更易导致气候变暖

航空业是气候变暖的另一罪魁祸首。经常乘坐飞机的人或许不知道，这种交通工具在为人们带来便利的同时，也给地球造成严重的伤害。长期以来，科学家们一直认为燃烧煤和天然气时产生的温室气体是造成气候变暖的元凶。

英国约克大学斯托格尔摩研究所近日发表的一项研究报告指出，航空业是导致气候变暖的又一罪魁祸首。他们预测，到2050年，全球气候变化中有高达15%的成分，是由航空旅行造成的。

由于飞机在高空飞行，它所排放的污染物比地面排放的污染物对大气的影响更大，更易导致温室效应的产生和全球气候的变化。报告称，飞机每年要在大气层中排放大约3亿吨温室气体，造成的温室效应大约是地面等量废气的3倍。英国"地球之友"组织的统计数据也显示，一架大型喷气式客机在欧洲和美国之间往返一趟所排放的二氧化碳相当于一辆汽车全年的废气排放量。

该报告指出，欧盟和英国政府在积极推动航空业发展的同时，也对世界环境造成了严重影响，这同全球减少温室气体排放的目标背道而驰。英国每年对航空业的补贴高达90亿美元。在去年12月发表的航空白皮书中，英国政府还表示要

短途旅行都应乘坐火车

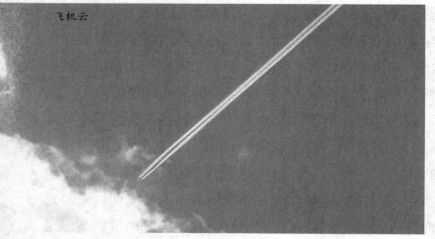

飞机云

以减少45%的航班量。参与研究的约翰·怀特莱德教授说："我们可以发展真正高质量的铁路系统，使人们拥有其他的选择。"比如通过英吉利海峡连接英国伦敦和法国巴黎的"欧洲之星"一类的高速火车应该进一步普及，使英国人从各个角落都可乘坐火车前往欧洲大陆。

继续大规模扩大机场的运送能力，可对于由此引发的环境问题却置若罔闻。

报告对未来30年如何控制航空业的温室气体排放提出了三大建议。首先是使外部成本向内部转化。作为温室气体排放的大户，各大航空公司应对其造成的环境污染支付等额的费用作为补偿。据透露，英国政府已考虑推出一项新的税种，这样每人每次航空旅行将加收40到50英镑。报告还建议政府取消各航空公司购买航空燃料的免税优惠。

其次是让旅客从飞机向铁路分流。今后距离不足640千米的短途旅行都应乘坐火车而非飞机，

最后是利用电子手段替代航空旅行。这份报告呼吁企业应该鼓励使用新技术手段，如可视电话会议等，以此减少职员的航空旅行量，共同致力于减少航空业温室气体的排放。

井边抽烟抽来水井喷火

海南三亚市崖城镇长山村村民在一口在挖机井旁边抽烟，烟刚点着，水井管道突然窜出三四米高火焰，所幸无人员伤亡。经初步判

断，现场有害气体浓度已降低，对周边村民危害减弱。

部分村民表示，井中可燃气体能否重新利用？三亚市环境监测站负责人称，可燃气体切不可盲目利用，以免对周边环境造成二次污染。

事件发生后，三亚市环境监测站技术人员赶往现场抽样分析，经过连夜检测不明气体为沼气。

初步检测表明，不明气体含有有毒气体一氧化碳和硫化氢。水质综合毒性指标为低毒，不宜作生活饮用水。

初步检测表明，由于井口有毒气体已停止向外排放，加上周边地区风速较快，硫化氢等有害气体浓度大为降低，对周边居民危害不大，但不排除有害气体随井水喷出再次外泄。

硫化氢气体比空气重，会沉积在地表周边区域，人一旦吸入过量硫化氢便会导致死亡。井中排出的气体，有的气体毒性很强但没有气味，村民很难察觉。

机井中排出的可燃气体，是否含有天然气成分？经过三亚市有关部门检测，已初步排除可燃气体来自地下天然气管道。

崖城镇长山村村民表示，他们曾用盛满水的矿泉水瓶进行试验，结果发现，其中的可燃气体瞬间燃烧，且没有排放任何废气。

"这样的能源不知道能否利用，如果能利用将解决许多问题。"面对附近村民疑问，三亚市环境监测站负责人表示，由于可燃气体含有大量硫化氢等有毒成分，如利用不慎，有毒气体会对人体产生极大影响，还会引发一系列安全隐患。

三亚市发现可燃气体含硫化氢

飞机尾气使美国气候变暖

此前科学界关于飞机尾气已经做过大量研究并在这一问题上有过很多争议，此次发现将使飞机云更加成为气候监测专家的关注对象。

■ 飞机尾气导致美国气候变暖

美国航空航天局(NASA)的研究表明，飞机飞行时排放的大量废气对美国气候造成了很大的影响。

NASA研究员帕特里克·米尼斯介绍说，飞机飞过时天空中会留下细长的白色气体，这种叫做飞机云的气体对于美国的气候变暖负有很大责任。在1975年到1994年间，美国平均气温升高了一度，这个升幅看起来并不高，但相对与气候标准却是很大的上升幅度。

到目前为止，科学家们一直认为燃烧煤和天然气时产生的"温室气体"是造成气候变暖的元凶，这些气体聚集在大气层中导致热量无法发散。但新的研究表明，飞机云应该是气候变暖的又一罪魁祸首。

宾夕法尼亚州立大学的气候专家安德鲁·查勒顿说："这真是双重打击。温室气体不断增加对于地球已经够受了，现在又发现飞机尾气也在导致气候变暖。"

米尼斯承认，很难精确计算出飞机云在导致美国气候变暖的原因中占多大比例，但是即使只占很小的比例，它的作用仍然是"不可忽视"的。

◪ 空气中的有害气体

苯系物，如苯、甲苯和二甲苯。它存在于油漆、胶以及各种内墙涂料中。由于苯属芳香烃类，人一时不易警觉其毒性。但如果在散发着苯气味的密封房间里，人可能在短时间内就会出现头晕、胸闷、恶心、呕吐等症状，若不及时脱离现场，便会导致死亡。

另外苯也可致癌，引发血液病等，已经被世界卫生组织确定为致癌物质。

室内氨气主要来源于混凝土防冻剂，北方冬季施工中，为了提高混凝土的强度，在混凝土中加入了含有尿素的防冻剂，房屋建成后，混凝土中的大量氨气就会释放出来。

氨对人体的危害主要是对呼吸道、眼黏膜及皮肤的损害，出现流泪、头疼、头晕症状等。

氡存在于建筑水泥、矿碴砖和装饰石材以及土壤中。在美国，建筑新房时，有关部门会对选址地的土壤进行氡的测定，以判断该地区氡含量的高低。如果超过标准就会建议建筑者重新选址，避开高氡区。

对于氡这种放射性物质对人体的伤害，国外一直十分重视。美国就将每年10月的第3周定为氡宣传周，以提醒人们提高对氡危害的警惕性。

另外，还有建筑材料的放射性。经检测，建筑材料中的天然石

苯会使人头晕

冰芯钻取营地

材等材料中的放射性主要是镭、钍、钾三种放射性元素在衰变中产生的放射性物质。

天然石材中的放射性危害主要有两个方面，即体内辐射与体外辐射。

甲醛主要来源于人造木板，主要是生产中使用的；装修材料及新的组合家具是造成甲醛污染的主要来源；装修材料及家具中的胶合板、大芯板、中纤板、刨花板的粘合剂遇热、潮解时甲醛就释放出来，是室内最主要的甲醛释放源。

"冰芯钻取计划"为"温室效应"平反

早在上个世纪50年代科学家就开始在南北极地区实施了一系列的冰芯钻取计划，他们发现从冰川岩芯样品中，可以得到相应历史年代的气温和二氧化碳等大气化学成分含量的资料。

与历史记录、树木年轮、湖泊沉积、珊瑚沉积、黄土、深海岩芯、孢粉、古土壤和沉积岩等可提取过去气候环境变化信息的介质相比，冰芯以其保真性好（低温环境）、分辨率高，记录序列长可达几十万年和信息量大，而受到地球科学家的青睐。

到本世纪初，南极俄罗斯东方站附近钻探深度已经达到3 300米，据此科学家们可以一窥42万年以来地球的冷暖变化。

根据南极东方站附近钻探冰岩芯得到的数据，科学家们发现在距今42万年之内，地球一共有四个高温期，其中距今33万年附近和13万年附近的两个高温期的平均气温都明显高于近1万年来高温期的平均气温。这一最新发现有力地挑战了"温室效应"理论关于地球气温升高缘于人类和工业活动的观点。

1822年，法国人首次把地球大气层比作"温室"。1938年，英国工程师提出人类活动和工业发展排出的二氧化碳和甲烷等气体不断加热大气，从而增强温室效应。

然而根据冰岩芯样品记录，在近1万年的高温期之前，分别在13万年、24万年、33万年附近，还有三个高温期。

如果说近1万年来，尤其是近百年来人类讨论全球平均气温升高的原因时，归咎于二氧化碳含量增加产生的"温室效应"还情有可原，那么十多万年甚至三十多万年前的高温期又归咎于谁呢？

实际上，按照北京大学环境学院崔之久教授的说法，气候变化本身并无所谓好坏，无论气候变冷或变暖，都同时具有对人类生存环境好、坏两方面的影响。其影响的程度则视作用的对象和人类适应的能力而不同，并不是绝对的。

冰芯钻取

五角大楼

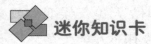 **迷你知识卡**

五角大楼

又称五角大厦,位于美国华盛顿特区西南方的西南部波托马克河畔的阿灵顿区,是美国国防部办公地,美国最高军事指挥机关所在地。于2001年发生的9·11事件中,五角大楼遭到袭击。

墨西哥湾暖流

简称湾流,是大西洋上重要的洋流。世界大洋中最强大的暖流,也是最大的暖流。起源于墨西哥湾,经过佛罗里达海峡沿着美国的东部海域与加拿大纽芬兰省向北,最后跨越北大西洋通往北极海。在大约北纬40度西经30度左右的地方,墨西哥湾流分支成两股分支,北分支跨入欧洲的海域,成为北大西洋暖流,南分支经由西非重新回到赤道。这股来自热带的暖流将北美洲以及西欧等原本冰冷的地区变成温暖适合居住的地区,对北美东岸和西欧气候产生重大影响。

飞机云

又名飞机尾迹、航空云。凝结尾是一种由飞机引擎排出的浓缩水蒸气形成的可见尾迹。当炙热的引擎排出废气在空气中冷却时,它们可能凝结形成一片由微小水滴构成的云。如果空气温度足够低的话,飞机云也可能由微小的冰晶构成。

第6章 借金星破解地球"温室效应"密码

1. 金星上1天相当于地球上243天
2. 失控的温室效应导致金星炽热
3. 金星是地球的一面镜子
4. 气候变暖可触发火山爆发
5. 气候变化对我国农业影响喜忧参半
6. 全球暖化可能导致地震频发
7. 我国极端天气出现频繁
8. 珠江三角洲有淹没危机

◣ 金星上1天相当于地球上243天

说起太白金星，人们一定会想起电视剧《西游记》里那位童颜鹤发的和善老头，他不仅代玉帝封孙悟空为齐天大圣，又暗中帮助师徒四人战胜黄风怪、扫荡狮驼洞。而这里说的太白金星不是神话人物，而是太阳系八大行星之一的金星。

每一个晴朗的日子里，东方低空中总有一颗耀眼而美丽的星星，在指引着路人前进，这就是大家熟悉的启明星。《诗经·小雅》诗云："东有启明，西有长庚。"

无论是启明星、长庚星，还是太白星，抑或太白金星，指的都是同一颗星，那就是距离地球最近，年龄、体积、形态、密度与地球相仿，夜空中亮度仅次于月球的那颗行星——金星。

除太阳、月球外，金星是人类最关心的星球之一。进入现代社会，金星也是人类较早发射探测器的行星之一。

上世纪50年代后期，天文学家用射电望远镜第一次观测了金星的

金星

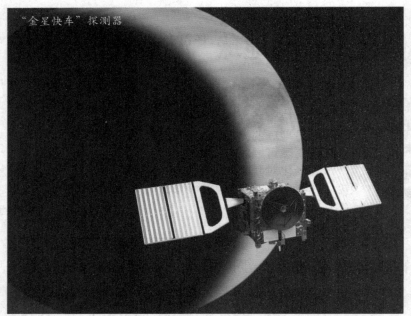

"金星快车"探测器

失控的温室效应导致金星炽热

金星地面的大气压强也非常大，为地球的90倍，相当于地球海洋中900米深度时的压强，即使你有钢筋铁骨，到那里恐怕也要粉身碎骨。"金星大气主要由二氧化碳等温室气体组成，失控的温室效应，是导致金星极端气候的主要原因。

夜空中，变幻莫测、五彩缤纷的炫目之光，或呈带状，或呈弧状，或呈放射状……在地球南北两极时常出现的极光，曾令无数科考人员和探险家惊叹不已。

很多人可能不知道，这灿烂极光的背后，恰恰是一个名叫"磁场重联"的物理过程。作为与地球相仿的"姊妹星"，金星何以成了足可让铅

表面。从1961年起，为探索金星奥秘及其可能存在的生命迹象，2005年，欧洲空间局发射的"金星快车"探测器，至今仍在对金星表面进行扫描，并实时向地球传回图像和各种数据。

金星上1天相当于地球上243天。在气候上，金星与地球也有天壤之别。人类研究显示，金星上不仅没有水，大气中还严重缺氧，二氧化碳占97%以上，空气中有一层厚达20千米至30千米的浓硫酸云，地面温度从不低于400℃，是个名副其实的"炼狱"般世界。

融化的"火球"？中科大最新研究成果显示，磁场重联或是罪魁祸首。

太阳每时每刻往外喷射着高速带电粒子流，俗称"太阳风"。所谓磁场重联，是指当太阳风"刮"向地球等本身有磁场的行星时，如果二者磁场的磁力线方向相反，就会发生磁力线交叉、瞬间"崩断"、再重新联结的现象。这一现象发生时，磁场重联区域的带电粒子被加热、加速，太阳风的部分能量"撞"进地球磁层，从而造成空间天气变化，如地球磁层亚暴、极光等。

在太阳上，磁场重联产生的太阳耀斑相当于数十亿颗原子弹的威力。此前，科学家普遍认为，金星由于本身没有磁场，即内禀磁场，不太可能存在磁场重联现象。

在如此强大的太阳风面前，金星没有像地球一样的内禀磁场，太阳风所携带的巨大能量，在直接与金星大气的接触中，使金星大气产生了电离层。同时，太阳风所携带的星际磁场与这个电离层作用，在金星附近产生诱发磁层——它和地球的磁层一样，可以有效阻止太阳风。

由于金星没有内禀磁层保护，诱发磁层中磁场重联释放的巨大能量，使得金星大气被加热后加速逃逸。

科学界认为，金星上大气的逃逸，是造成金星上缺水而被富含二氧化碳的稠密大气所笼罩，从而导致严重的温室效应的原因。而地球有内禀磁层的保护，且这一内禀磁层比金星诱发磁层要强大很多，所以即使地球大气层中发生磁场重联，也很难发生大气逃逸。

"金星快车"探测器

国际著名学术期刊《自然》杂志网站在对该成果进行评述时说，在没有内禀磁场的金星诱发磁层发现磁场重联，"意味着磁场重联可能是行星磁层中的一种普遍现象"，"该发现意味着磁场重联可能产生了金星上的极光，并可能使40亿年前富含水分的金星大气逃逸而演化成今天的样子"。

◥ 金星是地球的一面镜子

科学研究发现，金星上曾存在过能孕育生命的海洋，但探测结果表明，在如此恶劣的气候环境下，目前其存在生命的可能性微乎其微。相似的年龄、构造，相同的诞生环境，金星因为严重、失控的温室效应，而走上了与姐姐——地球（地球体积比金星稍大）迥然不同的道路。

金星上的温室效应，对人类防范和解决全球气候变暖问题有何借鉴意义？能否借金星研究破解地球上的温室效应？是否可以将金星"改造"成下一个适合居住的"生命乐园"？这一系列问题，已成为

金星难以遏制的温室效应

国际科学界研究的焦点领域之一。

太阳发射高速风

世界气象组织报告显示，2011年全球温室气体排放量创下历史新高，与2004年相比，二氧化碳排放量增加39%，占新增温室气体总量的80%。

2001年到2010年，是全球有气象记录以来最热的10年；全球气温记录证实，从1900年至今，世界气温已上升0.75℃。气候变暖将会使南北极的冰川迅速融化，海平面不断上升，许多沿海城市、岛屿或低洼地区将面临海水上涨的威胁，甚至被海水吞没。

世界银行一份报告指出，即使海平面只小幅上升1米，也足以导致5600万发展中国家人民沦为难民。

"二氧化碳等温室气体在大气中的作用，就相当于温室大棚上的那层薄膜，阳光可以透进来，热量却散发不出去。"30多亿年以前，地球上原本也有很多温室气体，但海洋里出现的蓝藻将二氧化碳逐步转换为了氧气。如果人类不珍惜现在的环境，继续大量排放温室气体，地球很可能会步金星后尘，成为灾难星球。

从另外一方面来说，因为金星与地球极其相似，随着科技的发展，人类一旦找出可以使金星恶劣环境倒转的方法，金星也有希望在新千年中成为适合人类生活的"第二家园"。

金星是地球的一面镜子。作为地球的"姊妹星"，研究金星可以推测地球的过去、未来，从而趋利避害，研究金星难以遏制的温室效应，也有助于解决地球变暖问题。

但与金星不同的是，如今地

球上的温室气体，主要是人为地排放。金星是前车之鉴，人类不能再自掘坟墓。

◪ 气候变暖可触发火山爆发

美国科考基地麦克默多站上方的南极埃里伯斯火山显得格外突出。如果气候变暖导致埃里伯斯火山的冰帽融化，这座活火山会在大爆发之列。

研究表明：冰厚的地方融化会减小对熔岩的压力。

奥斯陆——研究表明气候变暖近数十年会导致火山冰帽融化，大量负荷的去除将激发更多的火山喷发，从而使大量熔岩涌出地面。

气候变暖使火山喷发

最近发生在冰岛的艾雅法拉冰川火山喷发虽然没有造成什么影响，因为规模小不至于对当地地质结构造成影响，但不等于说其他火山不会造成危害。

冰岛大学火山地质专家说：我们的研究表明近数十年将会有更大、更频繁的火山喷发在冰岛出现。全球变暖导致的冰雪融化将影响到地下岩浆的活动。在一万年前冰河世纪的末期，冰岛曾出现大规模的火山喷发，很明显，原因是冰帽变薄及陆地上升引起的。

英国利兹大学的地质学家在一报告中说气候变化将触发火山喷发或地震，例如南极洲的埃里伯斯火山、阿拉斯加的阿留申群岛或者南美的巴塔哥尼亚。

对于火山口有冰层覆盖的火山而言，其影响是最大的，如果去除巨大的负荷，势必将会对深处熔岩的产生造成影响。

报告指出位于冰岛的瓦特纳冰川自1890年起已有10%的冰雪融化，陆地平均一年

业病虫害范围北移

上升了25毫米，造成了地质位移。

报告还估算出几个世纪以来冰雪融化导致大概有0.3立方米的熔岩形成。

专家认为大量矿石燃料的使用导致全球变暖，而全球变暖主要通过融化冰进而对地质构造产生连锁效应。

他们认为在冰帽的强大压力下，即使温度很高，岩石也不可能成为液体熔岩。一旦压力减小，随着冰层的融化，岩石也会熔化。

■ 气候变化对我国农业影响喜忧参半

在全球气候变暖的大背景下，中国的气候也持续变暖。近50年来中国平均气温上升高于同期全球平均增温值。从上个世纪80年代中期以来，中国气候变暖速率加快。

近50年来，中国的平均气温已经上升了1.1摄氏度。专家指出，气候变化对中国农业的影响喜忧参半。

首先，中国东北、南疆有农作物产量增加的趋势；其次，北方农作物生长季延长，改善了新疆棉花的质量；第三，农业病虫害范围北移，面积扩大，形势更为严重；第四，水稻、小麦和玉米的生产可能由于持续变暖，加快生长而缩短了生长期从而发生不利影响，而棉花的变化趋势则相反。

大部分植物遭受病虫害

全球变暖对未来我国国民经济可能产生深刻影响。农业可能受全球变暖影响最大，许多地区作物将减产。初步估算，温度升高、农业用水减少和耕地面积下降会使中国2050年的粮食总生产水平，较2000年的5 000亿千克粮食生产水平下降14%～23%。

全球暖化可能导致地震频发

热浪一阵比一阵热，飓风一场比一场猛，海平面越来越高，这些都是地球暖化对人类发出的警告。但科学家指出，地震频发也与地球变暖有关。

据加拿大新闻社报道，加入全球暖化争论的最新科学学科是地质学。一些地质学家解释说，气候暖化直接导致冰帽融化，这将释放出在地壳中被抑制的压力，引发极端的地质事故，其中包括地震、海啸及火山喷发。

加拿大阿尔伯塔大学地质学家用一个生动的例子解释了这种效果：他用拇指压着足球，当拇指抬起，对球的表面压力除去之后，足球会恢复原来的形状。地球两极这些厚冰层像拇指按压地球一样，给地球带来大量的压力，压制住地震的发生，但在它们融化之后，便会引发地震。

当地震发生在海洋下，就会形成海啸。当然，对地球来说，由于地壳非常坚硬，这个恢复原状的过程相当缓慢。

比如，目前，加拿大东部偶然发生的地震，其实与一万多年前的最后一次冰河期的反弹有关。南极洲及格陵兰积雪的融化也会有相同的影响，但过程将因温室效应而加速。

地壳可能比很多人想象得更敏感，之前已有很多事例证明了这一点，比如修建大坝后，大坝拦截而成的水库水量增加，引发地震。

研究后发现，在世界许多地方，特别是地中海地区，气候变化与火山活动的这种联系尤其明显。冰层融化，地壳的负载减轻，在压力的作用下，地壳下面的岩浆就更容易喷出来，这就是火山。

全世界越来越多的证据显示，全球气候变化已经影响着地震、火山喷发和灾难性海底滑坡发生的频率。这种现象已经在地球历史上发生过多次，而且证据显示，它正再度发生。

◩ 我国极端天气出现频繁

在变暖过程中，中国北部地区是气温上升最快的地区，特别是东北地区和西北地区，从中国整体来看，降水量有增加的趋势。这表示，全球变暖还将继续，21世纪将比20世纪增长更快。

过去三百年，中国山地冰川的面积减少了四分之一，预计到2050年，面积还将减少四分之一，在短短三个多世纪时间里，中国山地冰川的面积将减少一半。

乌鲁木齐齐河源一号冰川

乌鲁木齐齐河源一号冰川

我国乌鲁木齐齐河源一号冰川，在1962年—1980年间退缩了80米，1980年到1992年间又退缩了60米。在乌鲁木齐河流域，根据1964年航测地形图计算到的冰川面积为48.2平方千米，1992年再次航测时冰川面积减至40.9平方千米。

我国西北各山系冰川面积自"小冰期"以来减少了24.7%，达7 000平方千米左右。专家估计，伴随着全球进一步增暖，我国山地冰川将继续后退萎缩，到2050年，我国西部冰川面积将减少27.2%，其中海洋性冰川减少最为显著可达52.2%。

到2050年，青藏高原冬季最低气温升高约3.1～3.4℃左右，夏季最高气温升高约1.8～3.2℃，严重威胁青藏公路、铁路的安全运营。

极端天气在增多，从广东发生的自然灾害中窥豹一斑。先是出现历史罕见的冰雪冻灾，大批热带鱼和香蕉、龙眼冻死，树木摧折，电网断电，直接经济损失166亿多元；接着是新中国成立以来最严重的"龙舟水"，平均降雨量626毫米，造成33人死亡，直接经济损失64.5亿元；再后是台风"黑格比"登陆，造成22人死亡652万人受灾，直接经济损失114亿元。

我国已故杰出科学家竺可桢，从浩如烟海、帙卷繁杂的地方志、二十四史、古诗文集、古游记、古地理书籍以及历代私人笔记等文史资料和考古资料中，对中国近五千年的气候变迁进行了全面分析发现，我国近五千年的气候，有四个温暖期：

第一次温暖期发生在公元前3600年到公元前1000年。考古发现，公元前3000多年前的中华大地正值新石器时代晚期，整个华北地区和黄河中下游地区，年平均气温比现在大约高3～5℃，当时的华北地区呈现出一派亚热带风光。

1921年，考古学家在河南渑池县仰韶村挖掘出带有彩色的陶器和手工磨制的石器生产工具等。这些文物经放射性碳-14测定，距今约六七千年，史学家称之为"仰韶文化"。在西安附近的一处遗址中发现了獐和竹鼠等亚热带动物和竹林。可以认定，"仰韶文化"时期的西安地区是暖湿气候。

考古的另一重要发现是在河南安阳的殷墟古址，发现了10万多件甲骨文，还有大象、虎、豹、貘、水牛、野猪和熊等典型的热带动物残骸。

河南古代称"豫州"，简称"豫"，就是一个人牵着大象。殷墟是殷代故都。同一时期在河北阳

龙舟水

原地区和陕西也挖掘出大象的残骸。证明3 000多年前，我国华北地区由于气候温暖湿润，曾呈现出谷牧兴旺，人畜繁盛的景象，史称"殷墟时代"。这一温暖期持续了约2 000多年。

第二次温暖期出现在公元前770年的东周春秋时代到公元前初的秦汉时代。这个时期我国气候普遍转暖。据《春秋》记载，公元前698、590和545年的冬天，鲁国，今山东省未出现结冰现象，以至连宫廷王室也找不到用于夏季消暑降温的冰块。

在司马迁的《史记》中提到汉武帝刘彻在位时，柑桔在长江中

柑桔

游地区广泛种植，桑树遍布鲁国；竹、梅等亚热带植物在渭水流域也很茂盛。秦朝和西汉气候继续温暖，物候生长发育要比清初早3个星期，说明这一时期，整个亚热带北界比现在更偏北。这次温暖期大约持续了800年之久。

第三次温暖期出在公元600年到1000年，即隋唐时代。唐代是我国历史上经济空前繁荣的朝代。由于气候特别温暖湿润，连年风调雨顺，自然灾害较少，使唐朝农业得到了迅速发展。

7世纪中后期的公元650年、669年和678年的冬季，国都长安，今西安无雪无冰。天宝年间，唐明皇为取悦宠妃杨玉环，下令地方数日马不停蹄地从四川进贡鲜荔枝。

有诗人杜甫"一骑红尘妃子笑，无人知是荔枝来"和另一诗人张籍的《成都曲》"锦江近西烟火绿，新雨枝头荔枝熟"为证。

在诗人杜甫所做的诗及宋乐史中都曾写到，唐代开元末年，四川江陵向皇宫进贡的贡品中有柑桔，唐玄宗李隆基下旨把吃过的柑桔籽种于宫中。

这批柑桔

长江上游严重枯水

树于天宝十年秋结果，其品味之佳与四川江陵所产柑桔一样。这说明在公元八、九世纪时，西安气候相当温暖。

第四次温暖期出现在公元1200年到1300年。12世纪，在中华大地上，严寒不再肆虐。在1200、1213、1216和1220年，杭州地区无冰雪天气。

著名道士丘处机曾长住北京，他于公元1224年寒食节作《寒食节》，诗云："清明时节杏花开，万户千门日往来"。

说明当时北京气候与现在北京的气候很接近。隋唐时代，河南的博爱、陕西的西安和凤翔都设有竹监司来管理竹园，到南宋初气候转冷后，除凤翔外，皆因没有竹出产而被取消。公元1268—1292年的元朝初期，西安和博爱重新设竹监司衙门，这是当地气候转暖的又一明证。不过，这次转暖只持续了一百年左右，是我国历史时期四次温暖期中最短的一次。

研究表明，我国近五千气候变迁的特点是：温暖期越来越短，温暖程度越来越低。从生物分布可以看出这一变化趋势，例如，在第一个温暖期，我国黄河流域发现有象群；在第二个温暖期，象群栖息北线就移到淮河流域及其以南地区；到了第三次温暖期，就只有长江以南的浙江、广东、云南等地区有象群了。而在近五千年中的四次寒冷期正好与四次温暖期相反，寒冷期的时间长度越来越来长，寒冷程度越来越烈。

◤ 珠江三角洲有淹没危机

我国青海湖水位在过去500年曾有过较大的升降波动，但出现直线式下降趋势却是在近百年，特别是在1908年到1986年间下降了约11米，湖面缩小了676平方千米。

在未来气候增暖而河川径流量变化不大的情况下，平原湖泊由于水体蒸发加剧，入湖河流的来水量不可能增长，将会加快萎缩、含盐量增长，并逐渐转化为盐湖，对湖泊水资源的开发利用不利。高山、高原湖泊，会因冰川缩小融水减少而缩小。

我国海平面近50年呈明显上升趋势，上升的平均速率为每年2.6毫米，专家估计，到2030年我国沿海海平面上升幅度为1～16厘米，到2050年上升幅度为6～26厘米，预计21世纪末将达到30～70厘米。这将使我国许多海岸区遭受洪水泛滥的机会增大，遭受风暴影响的程度和严重性加大。

根据目前全球海平面变化的趋势，到2050年，沿海三角洲地区相对脆弱的生态环境，很可能迫使当地人口向外迁移，中国的一些沿海城市也无法幸免。据研究，我国城市密集分布的珠江三角洲附近海平面到2050年将上升

珠江三角洲

9～107厘米，届时预计要淹没大片土地，造成巨额损失。

对重大工程建设的影响可能比较明显，长江上游降水量可能增加，地质灾害增多，突发的滑坡、泥石流对三峡水库形成巨大冲击，对水库调度运用、蓄水发电和航运也将产生不利影响。

迷你知识卡

金　星

是太阳系中八大行星之一，按离太阳由近及远的次序是第二颗。它是离地球最近的行星。中国古代称之为长庚、启明、太白或太白金星。公转周期是224.71地球日。夜空中亮度仅次于月球，排第二，金星要在日出稍前或者日落稍后才能达到亮度最大。它有时黎明前出现在东方天空，被称为"启明"；有时黄昏后出现在西方天空，被称为"长庚"。

太阳耀斑

是一种最剧烈的太阳活动。周期约为11年。一般认为发生在色球层中，所以也叫"色球爆发"。其主要观测特征是，日面上，常在黑子群上空突然出现迅速发展的亮斑闪耀，其寿命仅在几分钟到几十分钟之间，亮度上升迅速，下降较慢。特别是在耀斑出现频繁且强度变强的时候。

磁　场

是一种看不见，而又摸不着的特殊物质，它具有波粒的辐射特性。磁体周围存在磁场，磁体间的相互作用就是以磁场作为媒介的。电流、运动电荷、磁体或变化电场周围空间存在的一种特殊形态的物质。

第7章 谁为地球持续发烧来买单?

1. 煤烟导致全球气温显著升高
2. 地理状况影响温室气体排放
3. 冰岛火山引发"蝴蝶效应"
4. "温室效应"有新说
5. 温室气体过量排放成最大元凶
6. 环境污染泛滥加剧全球变暖
7. 近50年全球气温上升脚步加快
8. "超温室效应"你听说过吗?

■ 煤烟导致全球气温显著升高

美国科学家最新公布的一项研究表明,煤烟颗粒是造成近一百多年来地球表面温度升高的重要原因之一,其危害程度是温室气体二氧化碳的两倍。

美国宇航局戈达德空间研究所的科学家利用气象模型,研究沉积在雪和冰上的煤烟颗粒对大气的影响。他们发现,纯净的雪和冰通常可反射90%的太阳光,而因煤烟污染而变暗的雪和冰却能吸收更多的太阳光。

地球上各个地域煤烟沉积的比例各不相同,根据模型判断,煤烟颗粒使北极地区的光反射率降低了1.5%,使北半球陆地的光反射率降低了3%。

据报道,被吸收的阳光能导致冰雪融化,从而进一步提高

煤烟

地理状况影响温室气体排放

冰雪对太阳能的吸收率。当雪融化为水后，就能吸收90%的太阳光，从而导致温度上升。科学家在研究报告中称，这也许能够解释近些年来出现的"早春"和冰层融化的现象。

煤烟对大气的影响复杂，且未被科学家完全理解。煤烟颗粒是黑色的碳和有机化合物的结合体，两者对地球表面温度的影响不同：碳导致气温上升，有机化合物导致温度下降。但是，模型显示，自1880年以来，全球气温上升幅度的25%应归结于煤烟颗粒。

不过，研究人员指出，尽管煤烟颗粒的危害大于二氧化碳，但是减少煤烟排放量要比减少二氧化碳排放量容易。现有技术完全可以大量减少煤烟的排放。因此，治理煤烟能够取得更大的环保"回报"。

◣ 地理状况影响温室气体排放

一个国家富有与否长期以来被看作决定二氧化碳排放程度的主要因素。一般认为，富有的西方国家比发展中国家排放的二氧化碳更多。但是，3月1日发表在著名地理学专业杂志——英国皇家地理协会月刊《地区》上的一篇论文表示，气候、人口以及其所拥有的自然资源都可以影响一个国家温室气体的排放。

那些气候严寒、冰冻期长的国家为了取暖会大量燃烧煤，因而会排放出更多的二氧化碳。而那些地域辽阔、人口分布分散的国家由于对交通工具更加依赖，所以也更容易对空气造成高度污染。

相反，那些拥有可再生能源的国家，比如那些拥有高海拔湖泊可以利用水落差发电的国家，二氧化碳排放量相对要少。

英国一份最新的研究报告称，不仅人类的经济活动可以导致温室效应，一个国家的地理状况对该国家的二氧化碳排放量也有重要影响。

这篇论文的作者埃里克·诺梅耶博士来自伦敦经济学院地理和环境系，他表示，在未来进行如何减少二氧化碳排放量的讨论时应当将一个国家的地理因素考虑进去。他对163个国家的温室效应进行研究后写就了这份报告，对1997年《京都议定书》的理论基础提出了挑战。

◪ 冰岛火山引发"蝴蝶效应"

大洋彼岸的一只蝴蝶扇动翅膀，可能会造成大洋这边的一场风暴——混沌学中描述的"蝴蝶效应"，目前却因为冰岛火山喷发而在人们的现实生活中上演了一场真实秀。

偏居地球一隅的冰岛上的一座火山喷发，随风飘散的火山烟尘连日来逐渐覆盖了欧洲部分地区的

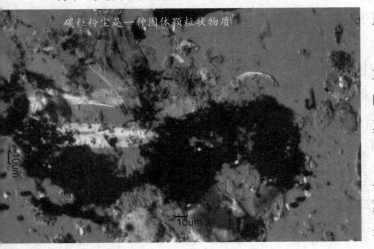
碳粒粉尘是一种固体颗粒状物质

10um

上空，造成欧洲的空中交通大面积瘫痪。

然而这一事件激荡起的涟漪不停扩散，造成的影响已从欧洲地区波及全球各个角落，涉及的范围也扩散到政治、经济、科技甚至于体育、文化等社会生产生活的方方面面。

火山喷出的火山灰随气流飘散向北欧和西欧的上空，导致欧洲多国的机场被迫关闭，欧洲航空运输几乎瘫痪。

禁飞使欧洲大陆上百万旅客滞留各地，大量货物中止转运。各大航空公司因停飞每天造成的损失高达上亿欧元，货物运输中断给许多公司造成直接或间接损失。一些国家政要被迫更改出行计划，还有一些体育选手也错过了比赛，如此等等，不一而足。

同时，空中运输中止导致欧洲大陆火车及汽车客流出现明显增加，旅客滞留还造成机场附近的酒店爆满，房费上涨。

在欧洲之外的地区，原本计

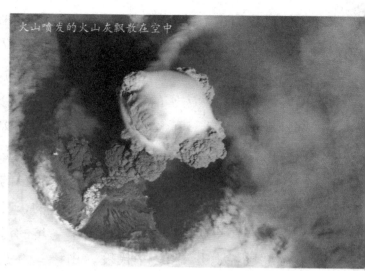

火山喷发的火山灰飘散在空中

划前往欧洲的大量旅客和货物出现滞留。冰岛火山喷发造成的"蝴蝶效应"由此拓展到经济及社会生活的多个方面，拓展到欧洲及全球多个地区。

冰岛火山喷发造成的"蝴蝶效应"突现了全球化影响。在人们感慨信息技术、现代交通工具等使得"地球变得越来越小"的同时，全球各个角落之间正互相结合得越来越紧密，互相依存度越来越高。

从某个角度来说，全球化可能会造成全球"一损俱损"的局面，但从另外的角度来看，全球化也能营造出"一方有难，八方支援"的场景。从这个意义上，全球化使得我们这个世界处理各种突发状况的能力得到增强。

　　人类尚没有能力控制火山爆发、地震等自然灾害的发生，且在全球化背景下，更多的"蝴蝶效应"仍将上演。

◤ "温室效应"有新说

　　自1975年以来，地球表面的平均温度已经上升了0.9华氏度，由温室效应导致的全球变暖已成了引起世人关注的焦点问题。

　　学术界一直被公认的学说认为由于燃烧煤、石油、天然气等产生的二氧化碳是导致全球变暖的罪魁祸首。然而经过几十年的观察研究，来自美国空间研究所的詹姆斯·汉森博士提出新观点，认为温室气体主要不是二氧化碳，而是碳粒粉尘等物质。

　　碳粒粉尘是一种固体颗粒状物质，主要是由于燃烧煤和柴油等高碳量的燃料时碳利用率太低而造成的，它不仅浪费资源，更引起了环境的污染。

　　众多的碳粒聚集在对流层中导致了云的堆积，而云的堆积便是温室效应的开始，因为40%至90%的地面热量来自由云层所产生的大气逆辐射，云层越厚，热量越是不能向外扩散，地球也就越裹越热了。汉森博士对于各种温室气体的含量变化都做了整理记录，发现在1950至1970年间，二氧化碳的含量增长了近两倍，而从70年代到90年代后期，二氧化碳含量则有所减少。用目前流行的理论很难解释仍在恶化的全球变暖的现象。

　　汉森博士认为，

云层中有很多碳粒粉尘

除了碳粒粉尘以外，还有一些气体物质能导致温室效应，如对流层中的臭氧，正常的臭氧应集中在平流层中、甲烷，还有巨毒无比的氯氟烃。但这些污染源的治

废气改变了原来的大气成分

理就相对困难些了。可喜的是，近几十年来非二氧化碳的温室气体含量已经有了一定的下降，如若甲烷和对流层中的臭氧含量也能逐年下降趋势，那么再过50年，地球表面平均温度的变化将近乎零。

碳粒粉尘并不是不可避免的东西，随着内燃机品质的不断提高，甚或不使用内燃机的交通工具的问世，不能烧尽而剩余的碳粒是可以减少的。汉森博士的学说能够成立，则给地球带来了降温的新希望，但愿地球早日退烧。

有关"温室效应"还有一种新说，英国利物浦约翰·穆尔斯大学的学者戴夫·威尔金森在研究报告中说："一个简单的数学模型显示，蜥脚类恐龙体内微生物制造的甲烷数量可能对中生代气候产生重要影响。"

蜥脚类恐龙脖子和尾巴长，大约1.5亿年前广泛生活在地球上。它们当中，一些恐龙体型庞大，例如梁龙身高可达大约46米，体重达4.5万千克。

相比二氧化碳，甲烷更易引起温室效应。研究人员设想，如果中生代每平方千米有多至数十头体重大约2万千克的中等体型蜥脚类恐龙，每年全球将总共产生约4 720万千克甲烷。工业革命开始前，全球人类活动和自然排放的甲烷为每年大约1 810亿千克。当今反刍类动

物，包括牛、山羊和长颈鹿每年总计排放甲烷450万亿～900万亿千克。

威尔金森说："我们的计算显示，这些恐龙排放的甲烷数量可能比现代社会自然和人类排放的甲烷总和还多。"

◤ 温室气体过量排放成最大元凶

1997年，在日本举行的《联合国气候变化框架公约》第三次缔约方大会规定了温室气体的种类，包括二氧化碳、甲烷、氯氟化碳等6种气体被定义为"温室气体"。

在现代社会，汽车尾气是导致大气温室气体增多的又一重要污染源。

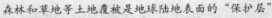

森林和草地等土地覆被是地球陆地表面的"保护层"

除了大量化石燃料的燃烧产生二氧化碳外，近年来科学家还提醒人类城市化进程的加快和人口暴涨也会间接影响大气中温室气体的浓度。研究人员称，城市化进程将改变土地的利用状况。

森林和草地等土地覆被是地球陆地表面的"保护层"，能大量吸收空气中的二氧化碳，具有调节气候的作用。但由于人类进行开荒种植、砍伐林木和建设城镇等活动，天然的土地覆被不断改变，导致自然界吸收二氧化碳的能力减弱。而人口暴涨则意味着人类将消耗更多的化石能源并排放更多的废水和废气。

◤ 环境污染泛滥加剧全球变暖

2007年联合国发布的第4次评估报告表明，全球温室气体排放量在1970年至2004年间增加了70%，地球大气中聚集的二氧化碳已远远超过过去65万年中的

过度的伐木破坏了原有生态环境

自然水平，而且温室气体世界范围内产生和扩散的速度明显加快，环境污染不再限于一国，成泛滥之势。

从上世纪60年代开始，美国和日本分别将本国35%和60%高污染、高消耗产业转移到各发展中国家，而代价就是发展中国家的生态环境遭到严重破坏。

例如，自上世纪80年代开始，跨国公司控制了加蓬伐木业的90%和刚果伐木业的77%，导致森林遭到大面积砍伐，当地居民不得不到其他地方开采更多的自然资源以求生存，贫困与生态破坏形成恶性循环。

1984年12月3日，美国联合碳化物公司在印度博帕市郊开办的农药厂发生爆炸，仅几天就导致近两万人死亡，生态环境造成严重破坏，成为世界环保史上国际间污染转移的典型案例。发达国家在转移污染的同时，各种污染物也在通过大气循环破坏发达国家的生态环境。

据美国专家所作的检测显示，亚洲工业区排放的废气中的二氧化碳等温室气体可以通过"长征"到达美国夏威夷的上空，而美

森林遭到大面积砍伐

国本土的污染物，同样也可以顺着季风，最后在大西洋西岸的欧洲大陆"落户"。

最明显的例子就是非洲。"非洲不是温室气体的主要释放者，却是全球变暖最大的受害者。"近年来，非洲频繁发生因异常天气导致的气象灾害。因为干旱，蒸发强烈，乍得湖湖面正不断缩小；在中非地区，干旱所导致的森林大火和蝗灾毁灭了大片的森林和庄稼；全球变暖导致海平面上升，已经严重威胁到尼罗河河谷地区人们的生存。

几年来世界各大媒体的头版头条，无不充斥着"全球变暖、冰川融化、暴雨、干旱、灾难、损失"等字眼，全球变暖的事实已不容忽视。

◤ 近50年全球气温上升脚步加快

过去100年全球地表平均温度明显升高，本世纪变暖幅度还会增大。

最新观测表明，1906—2005年

全球地表平均温度上升了0.74℃，20世纪后半叶北半球平均温度可能是近1 300年中最高的。

美国航天局戈达德航天研究所发表的研究报告说，2008年是自1850年有气象记录以来第九个最热的年份，估计下一个厄尔尼诺现象今年或明年开始形成，全球地表气温可能将在今后一两年内创下新纪录。

中国气象局科技发展司的有关官员认为，全球气温持续上升，已对气候变化产生重要影响。在变化速率方面呈现出的特征是：北半球快于南半球，高纬度地区快于低纬度地区，冬季比夏季变化大。

非洲大陆是受气候变化影响最为严重的地区。近年来，由于旱灾和涝灾在非洲国家较普遍，造成粮食产量严重不足。

在非洲之角及其周边地区，严重干旱造成2 000多万人缺粮，许多人不得不靠救助为生。气温升高同时也影响畜牧业的发展。

气温升高造成的极端天气和水资源紧缺正袭扰欧洲：英国遭遇了60年不遇特大洪灾；强风暴降临法

超温室效应

全球变暖、冰川融化

国；阿尔卑斯山冰川在过去150多年消退了近200米；西班牙遭遇40年未遇的大旱，第二大城市巴塞罗那不得不紧急调派轮船从法国买水供应居民；沙漠化威胁着伊比利亚半岛，有报告说，西班牙的气候已经开始"非洲化"；热浪和干旱引发的森林火灾频繁，葡萄牙、西班牙、意大利、希腊等国深受其害；气候变暖还影响到南欧一些地区的葡萄种植，农民不得不考虑毁掉葡萄园，到海拔更高的地区开辟新的种植区。

■ "超温室效应"你听说过吗？

我们都知道温室效应，就是大气中的温室气体导致地球气候暖化。那么超温室效应是什么呢？要解释这个概念，我们得回到35亿年前的地球。

如果你站在地球上，你也能看到太阳，不过，那个太阳与今日之太阳相比，会显得较小，并且阴暗一些。太阳带给地球的能量也少了25%左右。因此，当时地球应处于极低温的状态。但根据古气候的研究，远古时代却很温暖，一点也不寒冷。这种现象该怎么解释呢？

为了解决这一难题，美国康乃尔大学的萨根和马伦提出一项假设，他们的假设称为"超温室效应"。

他们认为，氨和甲烷这两种气体能非常有效地保留地表附近大气层内的红外线辐射，而且在远古时代，大气中这两种气体的含量非常高，正好弥补太阳能的不足，因此能维持地球的气温。

这一理论在原理上似乎能够解释得通。但是，也并非无懈可击。有批评者指出，氨和甲烷这两种气体固然能够为地球保暖，可是，由于这两种气体的化学活性非常高，会和其他物质发生反应，在大气中的生命期很短，所以，如果在大气中的含量稳定的话，那么必须能够得到随时补充，才能维持一定浓度；那么如何为大气补充这两种气体呢？

有人认为，当时地球上的生命可以补充氨和甲烷。但是，这仅仅

超温室效应

是个猜想。这两种气体如何维持较高浓度，使地球保持温暖呢？我们无从得知。而远古时代的氨和甲烷是否由生物活动所制造的？这个问题至今仍无解。

现在的科学家认为，二氧化碳才是当时主要的超温室气体，而不是氨和甲烷。假若二氧化碳曾在远古时代使地球维持高温，那么同样的历史是否会重演？如果远古时代的二氧化碳浓度是今日的数百倍，而且的确是让地球维持高温的因素的话，那在接下来的三十亿年间，太阳的亮度增加了百分之二十五，又是什么因素使地球不致于过热？

以现在的研究水平，还不能断言这些关于早期大气的理论是否正确。

不过，在这些假说的带动下，的确有一些研究者提出一些巧妙且具原创性的看法，支持气候变化是受生物调控的，并试图解释早期大气的温度之谜。

远古时的地球表面

废气

 迷你知识卡

环　保

环境保护宣传环境保护是指人类为解决现实的或潜在的环境问题，协调人类与环境的关系，保障经济社会的持续发展而采取的各种行动的总称。其方法和手段有工程技术的、行政管理的，也有法律的、经济的、宣传教育等。

内燃机

是将液体或气体燃料与空气混合后，直接输入汽缸内部的高压燃烧室燃烧爆发产生动力。这也是将热能转化为机械能的一种热机。内燃机具有体积小、质量小、便于移动、热效率高、起动性能好的特点。但是内燃机一般使用石油燃料，同时排出的废气中含有害气体的成分较高。

废　气

是指人类在生产和生活过程中排出的有毒有害的气体。特别是化工厂、钢铁厂、制药厂，以及炼焦厂和炼油厂等，排放的废气气味大，严重污染环境和影响人体健康。

第8章　全球变暖真的就是世界末日吗?

1. 傅里叶最早提出"温室效应"理论
2. "全球变暖",地球每每受惠
3. 气候变暖黑龙江受益最大
4. "铁肥"有助于吸收二氧化碳
5. 气候变暖造成广西干旱
6. 降温方法五花八门
7. 时刻对地球保持一颗敬畏之心

◤ 傅里叶最早提出"温室效应"理论

温室效应这个现象最初由法国数学家、物理学家傅里叶于1824年发现。20世纪初,瑞典化学家阿累尼乌斯做了一个实验,让阳光透过密封玻璃屋造成了室内增温,从而提出了温室效应的概念。这种实验也被认为是模拟了现实大气对地表的保温作用。

到了上世纪70年代,傅里叶的温室效应理论开始遭到质疑。一些学者认为他的研究方法存在问题:由于玻璃的光学特性与大气不完全一致,而且玻璃屋内大气升温不能简单归结为玻璃的光学吸收作用,因此不能将玻璃屋模拟的增温作用引申类比为大气的温室效应。

20世纪末,一些研究人员对温室效应进行了深入研究并取得新的认识。目前被广泛接受的认识是:太阳短波辐射可以透过大气射入地面,而地面增暖后放出的长波辐射被大气中

太阳短波的辐射透过大气射入地面

的温室气体如水汽、二氧化碳、臭氧、甲烷、氧化亚氮等吸收，这些温室气体在大气吸收地面长波辐射的同时，也向所有方向发送辐射，包括向地球表面，从而使地表平均温度能保持在15℃。如果大气层不存在，则地表平均温度应为−18℃，这就是温室气体对地面温度的调节作用，即"自然温室效应"。

"全球变暖"是时代的焦虑

工业革命以来，人类活动向大气中排放的二氧化碳等使温室气体浓度增加，导致大气吸收了更多的长波辐射，从而使地面对流层系统温度升高，这就是"增强的温室效应"。

直到今天，一些人仍认为，温室效应的机理不清晰，与其他气候驱动因子相比，二氧化碳加倍对增温的贡献并不显著。还有学者认为，化石燃料燃烧排放的碳粒粉尘增多才是导致全球增温的主要因素。

◥ "全球变暖"，地球每每受惠

据英国《每日邮报》消息，阿根廷一对夫妻向自己的儿子和女儿开枪后自杀身亡，2岁的儿子背部中弹当场死亡，7个月大的女儿身中一枪但侥幸余生。在惨剧发生前，这对夫妻留下了一张字条，称"为了让家人避免因全球变暖而产生的恶劣影响，他们选择提前结束全家人的生命"。

很难想象有这样狠心的父母，更难以相信的是有人会为这样一个理由而选择全家人的死亡。全球变暖，什么时候已经等同了"末日预

冰川消融

言"？这个预言，又给多少人带来了怎样的恐慌？全球变暖，真的有如此可怕吗？

冷暖交替，本是地球常态。地球从诞生至今已有46亿年的历史，就我们目前所能了解的20亿年地球气候史中，地球就曾几经"寒暑"：历经三次大的寒冷期，即冰期和两次"超级全球变暖"时期，即介于三次大冰期之间的大间冰期。

在每一个大冰期中，也有着许多次冷暖变化，科学家称之为亚冰期和亚间冰期。虽然时间尺度不同，但冰期都具备一个共同的特征——气候寒冷，冰川广布，海面下降，生物稀少。

而各个"全球变暖"时期，冰川消融，海面上升，生物繁衍。这样看来，对地球来说气候变暖带来的并不是灾难性的后果，相反，地球还每每受惠。

◤ 气候变暖黑龙江受益最大

气候变暖，使我国小麦、水稻、玉米等粮食作物的种植界线明显北移，黑龙江受益最为明显。许多曾经因为寒冷不能种植农作物的地方，现在已经是一望无际的良田。在把"北大荒"建设成"北大仓"的过程中，全球变暖"功不可没"。

"黑龙江是全球气候变暖受益最大的中国省份之一。"这种说法，其实毫不夸张。气候变暖，尤其是冬暖突出，使冬小麦在黑龙江的种植成为可能。

现在黑龙江省已有17个县市具备种植冬小麦的气候条件，最北可延伸至克东和萝北等北部地区，这一界线与我国20世纪50年代所确定的冬小麦种植北界，即长城沿线相比，北移了近10个纬度。

对位于寒冷地区的黑龙江来说，升高的温度，就意味着更多的热量，更长的生长期，而这些因素都可以促进水稻生长发育，提高产量。从20世纪70年代到90年代，气候变暖对黑龙江水稻单产增加的贡献率高达19.5%~24.3%。

越来越温暖的气候，使水稻适宜生长的最高纬度纪录被不断改写，水稻的种植北界已经移至北纬52°的呼玛等地，黑龙江水稻的种植面积明显扩大。现在提到黑龙江出产的粮食，人们第一时间都会想到大米，而在20多年前小麦还是这里最主要的粮食作物。

随着气候变暖，黑龙江省的积温带明显北移，水稻种植范围也逐渐向北部地区推移和扩展，目前大于2 500℃积温带是黑龙江省所占范围最广的积温带，也是黑龙江省水稻的主要产区，而水稻种植北界现已推至北纬52°左右的呼玛地区。

这样的事也发生在东北的其他

黑龙江水稻开始收割

粮食作物水稻

地区：吉林省水稻、玉米的种植面积和产量都有了大幅度提高；辽宁省农作物品种由中早熟型向中晚熟型发展，冬小麦种植北界北移了3次约500千米。气候变暖对整个东北地区粮食总产增加都起到了实实在在的作用，而且东北地区粮食生产对增温还有适应的潜力。

曾经有学者大声疾呼，全球变暖将严重打击主要农作物的收成。《气候变化国家评估报告》中说："如不采取任何措施，到2030年，中国种植业生产能力在总体上可能下降5%到10%。到本世纪后半期，主要粮食作物小麦、水稻以及玉米的产量，最多可下降37%。"注意，它的前提是"不采取任何措施"。

美国俄勒冈州立大学农业经济学教授理查德·亚当斯指出："如果你只是研究农业经济模型，将气候条件调整为更加炎热、干燥，农作物的产量当然会下降。但如果你是一个农民，当察觉农作物生长欠佳时，自然会改种更能耐热的品种。"

耶鲁大学经济学教授罗伯特·孟德尔森将人类适应能力纳入

考量之后再来研究气候变暖对美国农业经济的冲击，结果发现预测的农作物收成不再是剧减20%，反而会增加13%。

■ "铁肥"有助于吸收二氧化碳

德国魏格纳极地与海洋研究所等机构的科学家发现，给海洋施"铁肥"有助于浮游植物的生长，帮助其吸收二氧化碳，而且可能有利于鲸类等濒危海洋动物。

魏格纳研究所发表新闻公报说，来自14个研究机构的53名科学家，从2002年开始这项研究，他们乘坐一艘考察船，在南极附近海域进行了大规模实验。科学家们在南纬50度和南纬60度区域选择了两块水域，给海水中加入硫酸铁溶液，同时观测海水中的化学与生态变化。

观测表明，用硫酸铁"施肥"可使单细胞浮游藻类大量繁殖，而且这些藻类在连续生长3周后开始死亡，死去的浮游藻类陆续沉到大洋深处。这意味着浮游藻类通过光合作用吸收了大气中的二氧化碳，将其转变成有机物的形式。藻类的死亡和下沉就相当于大气中的二氧化碳被"固定"到了海底。

理论上海洋浮游藻类能吸收人类每年排放二氧化碳的15%，如何

藻类的死亡

利用这一可调节的自然机制，将是非常有意义的课题。随着单细胞浮游藻类的繁盛，食物链上的海洋动物也会更好地生存繁殖，比如沙丁鱼和鲸类等，濒危的鲸类不仅数量可能上升，也会生长得更好。

原先科学家们认为，单细胞海洋浮游藻类以硅为骨架，在缺乏硅的水域中生长不好，"固定"二氧化碳的效果有限。但这次实验表明，施了"铁肥"的藻类在缺乏硅的水域中仍能快速生长，研究人员猜测，浮游藻类可能以碳元素为骨架。

但有人怀疑，一旦单细胞浮游藻类死亡后腐败分解，会将有机碳再次转变成二氧化碳排放到大气。而这次实验表明，上述效应不会出现。不过研究者还认为，向海洋施加"铁肥"吸收温室气体最终的可行性仍需进一步研究。

◼ 气候变暖造成广西干旱

广西壮族自治区西北部的河池、百色，以及贵州、云南局部地区出现50年来罕见的极端干旱，数百万人受灾。广西气象部门专家分析认为，全球气候变暖，太平洋厄尔尼诺现象加剧，破坏了大气结构，造成海洋季风无法登陆形成降雨，是这次极端干旱出现的主要原因。

浮游藻类

广西局部地区干旱

　　2月份，本是广西河池、百色等地迎来充沛降雨的时节，但这里的大部分地方从2009年8月起就几乎没有下过雨了。

　　据广西气象部门统计，2010年2月上旬，广西各地降水量为0.0～23.5毫米，大部分地区较常年同期降水偏少6～10成，平均降水量2.9毫米，比常年同期偏少8成。

　　通过对广西上空大气结构的分析，专家发现受厄尔尼诺现象影响，在台湾岛至中南半岛之间形成了一条长3 000多千米、宽度跨越4个纬度的巨型高压坝。

　　"造成此次广西、贵州、云南局部地区极端干旱的主要原因是高压坝破坏了大气活动。"广西壮族自治区气候中心高级工程师、首席预报员覃志年说，高压坝就像一堵墙横在广西南部的上空，阻挡太平洋水汽西进，即使北方有冷空气南下，也无法与水汽汇合，因此，广西、贵州、云南交汇地区遭遇了50年来少有的极端干旱。

　　广西的气象专家对此次干旱进行"问诊"时还发现，广西秋冬季节降雨的减少伴随着气温持续的升高。气象部门提供的数据显示，近

50年来，广西的气温显著升高，平均每10年升高0.13摄氏度，各季平均气温都呈上升趋势，其中冬季上升趋势最为明显，平均每10年升温速率达0.21摄氏度。

一些气象专家认为，当前影响气候短期变化的因素越来越多，气候的可预测性越来越有限。专家建议，应当将应对气候变化纳入地方经济社会发展规划中，从个人到单位都要坚持低碳生活、发展低碳经济，并切实完成节能减排目标。

降温方法五花八门

全球变暖将导致世界上四分之一的陆地动植物，即100多万个物种将在未来50年之内灭绝，这必将对人类的生存造成灾难性的影响。为此，英国多位著名气候专家在剑桥大学召开会议，商讨防止地球继续变暖的办法。

会上科学家讨论

的极端方法之一，包括将数亿千克金属物质通过火箭射向大气层边缘外，组成一道巨大的屏障。这些金属物质由数百亿片直径小于1厘米的金属片组成，当它们通过火箭射往地球低轨道上后，在让太阳光线通过的同时，它们能够吸收掉大量的太阳能。这些金属散射物质能在地球轨道上停留一个世纪之久。

类似的降温办法还包括用飞行器在地球的大气层上部拉开一张巨型金属网，这张金属网同样能够有效阻止太阳辐射光线直达地球。此外，数十亿只涂有反射物质的超压

皮纳图博火山灰

二氧化碳溶解于海水，使海水酸化

力小型气球也将被释放到大气层的同温层，组成第二道反射太阳光线的屏障。

所有这些方法可以阻挡1%的太阳光线直达地球，它们足够保护至少100万平方千米的地球土地免受太阳"烧烤"，从而使地球的温度明显得到降低。

科学家之所以想出用"太空盾"的方法来阻止地球继续变暖，其灵感来源于1814年印度尼西亚坦伯拉火山爆发后引发的后果。在那次特大火山爆发中，上千万千克火山灰被喷射到大气层中，在长达三年的时间内，这些遮天蔽日的火山灰曾造成地球温度下降了30%。

美国氢弹之父、物理学家爱德华·特勒曾有过设想：向空中抛洒铝和硫的粉末，给地球降温。按照他的计算，向空中抛洒10亿千克铝硫粉末，可以使日照减少1%，从而起到降温作用。特勒提出的办法是要模仿大规模的火山爆发。

1991年，波及范围达数百万千米的皮纳图博火山灰使地球气温下降了0.41℃，而且持续时间达好几个星期。特勒设想：可以用飞行于13千米高空的飞机和部署于赤道上的美

二氧化碳水污染

国海军大炮,向空中抛"火山灰"。

但生物化学家们却给这种主张泼冷水,他们认为,散布于空中的这些硫和铝的微粒,很可能会严重干扰同温层。特勒还与人合作研究过其他使地球降温的方法:在轨道上放置5万面反射镜;发射一颗巨大的卫星,悬于地球与太阳之间,以挡住部分太阳辐射。

除了特勒以外,还有许多科学家也在苦苦思索,希望能找到奇妙的办法给地球降温。

美国物理学家洛厄尔·伍德有一个同特勒的设想一样离奇的计划:在地球和太阳之间万有引力互相抵消处,即拉格朗日点,安装一面直径为,2 000千米的半透明镜子。他认为,这面巨大的滤光镜不但能减少温室效应,而且能充当地球的空调器:改变滤光镜的倾斜度,以增加或减少透过它的太阳辐射量。

但谁来支付超过1 000亿美元的巨额费用呢?此外,这面滤光镜不但会破坏同温层,而且还有可能妨碍紫外线的通过,紫外线具有清理太空的功效。

有科学家从加强地球对太阳辐射的反射率的角度,探索给地球降温:将数以十亿计的白色聚苯乙烯高尔夫球投向海洋；将地球上的所有房屋的房顶都涂成白色。

美国的一位科学家提出了一项更具有诗意的方案：将数千平方千米的阴云"染白"。通过向阴云喷一些微粒，使微小的雨滴数至少增加10%。这样，由于光学作用，层积云就会被照亮变白，就会反射更多的太阳光。

木卫四爆炸后会产生大量危险的彗星

还有人提出用深埋二氧化碳的办法给地球降温。美国和欧盟已拨巨款来研究在海洋和地层中埋藏二氧化碳的办法。

从理论上讲，海洋和地层可以贮藏人类在几千年间生产的二氧化碳。研究人员要验证的是，二氧化碳溶解在海水中，是否会干扰海底生物的生存，因为二氧化碳溶解于海水后，会使海水酸化。

时刻对地球保持一颗敬畏之心

地球从诞生至今经历过的多少次翻天覆地的变化，曾有过冰盖铺向中低纬度地区，曾有过两极的冰雪都消失无踪，甚至也曾发生过磁极对调或是小行星撞地球导致的"大爆炸"和"核冬天"地球就这样安然走过了46亿年。

所谓"核冬天"，是设定在一场大规模的全面的核战争中，由于核弹的爆炸在短时间内所产生的数百亿吨尘埃和烟云把地球团团地笼罩起来，隔断阳光照射，引起内陆和海洋气温骤降，造成长达数月甚至数年不见天日的黑暗和极度严寒，这种恶劣的气候条件使植物的光合作用中断，导致各种动物、植物的死亡和枯萎，其中也包括人类，地球将再现恐龙灭绝的自然景观。这就是核冬天的理论推断。

俄罗斯科学院圣彼得堡物理技术研究所资深研究员霍华德·德罗贝舍夫斯基宣称，木星的一颗卫星——木卫四的冰质外壳有可能会发生猛烈爆炸，由此产生的巨大碎片会降落到地球上并引发与所谓的"核冬天"效应相似的后果，造成

持续的彗星撞击可诱发"核冬天"效应

生物的大灭绝。

德罗贝舍夫斯基认为，木星和土星的许多卫星的冰质外壳历史上都曾发生过爆炸。

他指出："在木星和土星周围的卫星中，有许多都曾被厚厚的冰壳所覆盖。而这些并不洁净的冰均具有导电性，且电流会沿着磁场不断地运动。在电流的作用下，会发生冰的电解现象——其产物主要是氧气和氢气。当冰中汇聚的氧气和氢气的浓度积累到15%～20%时，便会时冰壳演化为一颗随时可能会爆炸的'炸弹'。而可能充当雷管引爆这些卫星外壳的则是经常造访它们的陨石。随着时间的退役，那些被冰层包裹的卫星均有可能发生爆炸。"

他认为，在大约一万年前，包裹在土卫六外部的冰壳便曾发生过猛烈的爆炸。不过，土卫六距离地球比较遥远，而木卫四不但距离我们相对较近，而且其外部古老的冰质外壳还从未发生过爆炸。

也就是说，在木卫四的冰壳中可能聚集着浓度很高的氢气和氧气。一旦其发生爆炸，那么地球上的生物将会遭受毁灭性的打击。

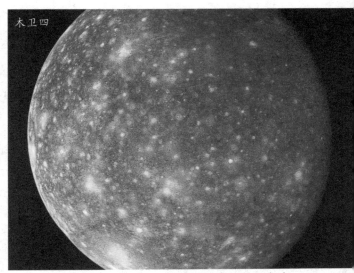

木卫四

木卫四的外壳爆炸后会产生大量的碎片。其中有一部分会沿木星的运行轨道散播开来，最终将演变为公转周期较短的彗星。据他估算，在木卫四的外壳发生爆炸后，每年都至少会有一颗因此形成的彗星撞向地球表面。而这种彗星撞击的威力大约相当于10亿吨的TNT炸药。

人类只有在顺应自然的情况下才会发展进步，反之，就一定会受到惩罚。地球不见得会被人类毁灭，但人类可以轻易地毁掉自己。

人类是被地球宠坏的小孩，他非常偶然地获得了地球的恩宠，在地球的孩子中表现突出。然后，这个狂妄的小孩就认为自己最聪明、最有能力，他刚刚学会了一些技能，骄傲地称之为"科学"，以为科学无所不能。然后他失去了敬畏之心，觉得自己可以站在地球的顶端，为所欲为。他肆意浪费着地球提供的资源，毫不顾惜地破坏地球的环境，还要按照自己的意愿改造地球。

他正在满怀信心地大干一场，却突然发现事情的发展失去了控制，地球并没有按他规划好的轨迹前行，地球也不再对他和颜悦色，还要求他对自己做出的一切负责。于是，这个孩子惶恐了，他一边拼命想办法弥补自己的过失，一边大声疾呼"救救地球"。

实际上，比"救救地球"更重要的是人类对地球的敬畏。只有保持了敬畏之心，人类才会寻找到一条与地球和谐相处的发展之路。否则，我们现在倡导的节能、减排、低碳生活、保护环境、维护生态等等这一切都不过是流于形式，或者成了"应急措施"。

然后很容易在解决了眼前的危机之后就"好了伤疤忘了疼"，又一次故态复萌，继续走向毁灭自己的道路。

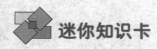

迷你知识卡

寒冷期

气象学名词。是指日平均气温连续处在摄氏零度以下的若干天。我国由于幅员辽阔，所以各地在一年中的寒冷期时间的长短也保护相同，按寒冷期时间长短来看是由被向南逐渐变短。

亚冰期

由于气候变化的波动性，在一个冰期内可鉴别出次一级的变化，相对寒冷的阶段冰川扩大，为亚冰期，相对温暖阶段冰川缩小，为亚间冰期。可将一个冰期划分为几个亚冰期或亚间冰期。

浮游藻类

浮游藻类

是湖泊水生生物的主要组成部分之一。它与水生高等植物一样具有叶绿素，利用光能进行光合作用制造有机物质，同时放出氧气，故属营自养的生物，是维持湖泊中一些动物和微生物食物的主要来源和基础。湖泊中浮游藻类包括蓝藻门、隐藻门、甲藻门、黄藻门、金藻门、硅藻门、裸藻门和绿藻门等种类，其中尤以蓝藻、硅藻和绿藻门的种类为最多。

第9章 降低"温室效应"刻不容缓

1. 以知识和技术应对全球变暖
2. 全球暖化可能导致人类毁灭
3. 改善氟化气体的收集封存
4. 将二氧化碳"锁住"
5. 上班族不打领带，也不穿西服
6. 酸雨可抑制全球变暖
7. "人造泡沫"可吸收二氧化碳

以知识和技术应对全球变暖

综合各种温室效应气体的影响，预计地球的平均气温届时将要提升两度以上。一旦气温发生如此大幅提升，地球的气候将会引起重大变化。为今之计，莫过于竭尽所能采取对策，尽量抑制上升的趋势。

全面禁用氟氯碳化物

实际上全球正在朝此方向推动努力，是以此案最具实现可能性。倘若此案能够实现，对于2050年为止的地球温暖化，根据估计可以发挥3%左右的抑制效果。

保护森林的对策方案

以热带雨林为生的全球森林，正在遭到人为持续不断的急剧破坏。有效的对策，便是赶快停止这种毫无节制的森林破坏，另一方面实施大规模的造林工作，努力促进森林再生。目前由于森林破坏而被释放到大气中的二氧化碳，根据估计每年约在1～2公克。碳量左右。倘若各国认真推动节制砍伐与森林再生计划，到了2050年，可能会使整个生物圈每年吸收相当于0.7公

保护森林

克。碳量的二氧化碳。其结果得以降低7%左右的温室效应。

汽车燃料的改善

日本汽车在此方面已获技术提升，大幅改善昔日那种耗油状况。但在美国等地，或许是因油藏丰富，对于省油设计方面，至今未见有何明显改善迹象，仍旧维持过度耗油的状况。因此，该地区生产的汽车在改善燃油设计方面，具有充分发挥的余地。由于此项努力所导致的化石燃料消费削减，估计到了2050年，可使温室效应降低5%左右。

改善能源使用效率

要改善其他各种场合的能源使用效率。今日人类生活，到处都在大量使用能源，其中尤以住宅和办公室的冷暖气设备为最。因此，对于提升能源使用效率方面，仍然具有大幅改善余地，这对2050年为止的地球温暖化，预计可以达到8%左右的抑制效果。

对化石燃料的限制

任何化石燃料一经燃烧，就会排放出二氧化碳来。惟其排放量会因化石燃料种类而有不同。由于天然瓦斯的主要成分为甲烷，故其二氧化碳排放量要比煤炭、石油为低。同样是要产生一千卡的热量，煤炭必须排放相当于0.098克碳量的二氧化碳；这在石油则产生0.085克；若是换成天然瓦斯只需排放0.56克即可。

因此，有人提案依照天然瓦斯、石油、煤炭的顺序予以加重课税。譬如生产方面，要对二氧化碳排放量较高的煤炭，以能量换算，每十亿焦耳课税0.5美元，而对天然瓦斯则只课税0.23美元。亦即二氧化碳排放量愈高的化石燃料课税愈重。至于消费方面的情形

白色屋顶

亦复加此，其课税比例在煤炭订为23%，在天然瓦斯订为13%。若果真付诸实行，可望对于2050年为止的地球温暖化，提供大约5%的抑制效果。

鼓励使用天然瓦斯

鼓励使用天然瓦斯作为主要能源。因为天然瓦斯较少排放二氧化碳。最近日本都市也都普遍改用天然瓦斯取代液化瓦斯，此案则是希望更进一步推广这种运动。惟其抑制温暖化的效果并不太大，顶多只有1%的程度左右。

汽机车的排气限制

由于汽机车的排气中，含有大量的氮氧化物与一氧化碳，因此希望减少其排放量。这种作法虽然无法达到直接削减二氧化碳的目的，但却能够产生抑制臭氧和甲烷等其他温室效应气体的效果。预计将对2050年为止的温暖化，分担2%左右的抑制效果。

鼓励使用太阳能

譬如推动所谓"阳光计划"之类。这方面的努力能使化石燃料用量相对减少，因此对于降低温室效应具备直接效果。不过，就算积极推动此项方案，对于2050年为止的温暖化，只具4%左右的抑制效果。其效果似乎未如人们的期待。

开发替代能源

利用生物能源作为新的干净能源。亦即利用植物经由光合作用制造出来的有机物充当燃料，藉以取代石油等既有的高污染性能源。

地球表面碳循环

从大气中的二氧化碳经过植物的光合作用，变成碳经过，植物的呼吸作用、自然分解者分解、燃烧、动物的呼吸作用等化学生物过程，变成二氧化碳，重新返回大气。

建筑材料降低温室效应

为解决全球变暖问题，各国应该尽可能将建筑物屋顶漆成白色，大量反射太阳光并节省使用空调耗费的能源。这里专家建议使用新型的建材材料，如节能防水涂料等，能有效降低温室效应。涂料是高分子合成的，不会发生脆裂，即使在冬季的时候也能施工，同时可以混合水泥等填充型建筑材料，除了白色之外，也可以按照需求调配出粉色、灰色等各种颜色，通过绘画做成涂鸦效果。

我们可以先来做个试验：用刷子将这种建材材料涂料薄薄地

非洲40%的土地归牧民所有

丹麦首都哥本哈根

刷在一张报纸上，刷过这种涂料之后的报纸仍然能够清晰地看到文字和图案，几乎透明，待报纸上的涂料稍干，一张报纸折起来并注入自来水，"神奇"的报纸竟然滴水不漏。

传统建筑防水采用的沥青涂料等防水材料，存在着对温度敏感、拉伸强度和延伸率低、耐老化性能差的缺点。不仅如此，对于形状复杂的需防水部位，质量也难以保证。

白色屋顶可以反射60%以上的阳光，帮助降低建筑物温度，进

而减少空调的使用，达到节能减排目的。与传统的防水处理方法相比，这项专利技术的特点就在于，不仅节能环保，而且施工造价较低。

这种新型的建筑涂料特别适用于建筑屋面、地下室、地铁、电力、隧道、粮库等工程。形成固化膜之后液体可以渗入基础层二至三毫米，解决了目前只能顺防而不能逆防的空白。

非洲国家制订行动方案

非洲大陆是受气候变化影响最为严重的地区。近年来，由于旱灾

哥本哈根街景

制定了应对气候变化行动方案，增加在科技和公众教育领域投资，提高公众对气候变化的认知。

赞比亚总统班达曾指出，适应气候变化的影响是政府的优先任务。赞比亚强调森林在吸收温室气体方面的作用，并评估森林政策，同时，国家应对气候变化战略也已在准备之中。

和涝灾在非洲国家较普遍，造成粮食产量严重不足。

在非洲之角及其周边地区，严重干旱造成2 000多万人缺粮，许多人不得不靠救助为生。气温升高同时也影响畜牧业的发展。

非洲40%的土地归牧民所有，但气温升高造成的干旱使牲畜患病率、死亡率增加。非洲大部分国家的民众以农牧业为生，因此气候变暖导致不少人陷入贫困。气候变暖还导致该地区疾病流行以及生态平衡被破坏。

气候变化已经引起越来越多非洲国家的高度关注。乌干达环境部

南非自2005年以来每年都召开一次气候变化会议，有关气候变化的白皮书也将于2010年前完成，并在2012年前实施。

◩ 全球暖化可能导致人类毁灭

全球暖化已经导致极端气候明显增多。暖化引发暴雨、暴雪、洪水、飓风、干旱、酷热、酷寒等气候灾难，已经接连不断地发生。

科学研究表明，全球暖化可能导致地震频发。按照一些地质学家

的解释，气候暖化直接导致冰帽融化，这将释放出在地壳中被抑制的压力，引发极端的地质事故，其中包括地震、海啸及火山喷发。

1立方米冰的重量接近1吨，而一些冰层的厚度会超过1 000米。当这些重量因融化而除去后，地壳就会弹回到原来的形状。

全球加速暖化除引发更大范围的淡水危机、粮食危机外，仅海平面上升就可能殃及全球数亿人的大迁移，我国海平面仅1米至3.5米的上海和香港部分地区就可能被水淹没，沿海较低洼地区大量居民需要迁移。

美国冰雪数据中心的许多科学家认为海冰可能在2008年秋到2012年完全消失，比先前预测提早了30年。

仅仅是海平面的上升并不可怕，更为严峻的是，海洋暖化会从海底释放出大量有毒气体甲烷，人类会因呼吸这些毒气而中毒身亡，人类所谓的"物质文明"就会因此而消失。

凯蒂华特博士在阿拉斯加费尔班克斯大学北极生物学院的一份报告中指出：目前北极冻土层正释放出

哥本哈根岸景

水灾危险区域

甲烷，这种温室气体从湖底冒泡涌出，这些甲烷正在加速全球暖化。

冰冻土层像一颗即将引爆的定时炸弹——冰冻土的解冻正源源不断向大气中释放出数百亿吨的甲烷，从而加速气候升温。

西北大学格瑞高利·瑞金斯博士所做的研究也显示，250万年前从海洋中喷涌而出的甲烷导致90%的海洋生物以及75%的陆地物种大灭绝。

◼ 改善氟化气体的收集封存

气温升高造成的极端天气和水资源紧缺正袭扰欧洲：英国遭遇了60年不遇特大洪灾；强风暴降临法国；阿尔卑斯山冰川在过去150多年消退了近200米；西班牙遭遇40年未遇的大旱，第二大城市巴塞罗那不得不紧急调派轮船从法国买水供应居民；沙漠化威胁着伊比利亚半岛，有报告说，西班牙的气候已经开始"非洲化"；热浪和干旱引发的森林火灾频仍，葡萄牙、西班牙、意大利、希腊等国深受其害；气候变暖还影响到南欧一些地区的葡萄种植，农民不得不考虑毁掉葡萄园，到海拔更高的地区开辟新的种植区。

为应对气候变暖，欧盟准备在2013年前投资1 050亿欧元发展"绿色经济"。加大开发可再生能源力度，减少对化石能源依赖，计划到2020年将温室气体排放量在1990年基础上减少20%。

到2020年把可再生能源占能源消费的比例提高到20%，把用于交通的生物燃料至少提高到10%，将煤、石油、天然气的消耗减少20%。西班牙拟改变经济发展模式，发展可再生清洁能源。

政府制订了"2004—2012年节约和有效利用能源战略"，已开始在工业、交通等7个方面实施节能增效计划。

瑞典计划至2030年全国所有汽车都不再使用化石燃料。丹麦首都哥本哈根确定的目标是2025年实现碳零排放。

葡萄牙已建起世界上功率最大的太阳能光伏电站，与同等发电量的煤动力电厂相比每年可减排近9 000万千克二氧化碳。德、法、意等《阿尔卑斯公约》缔约国最近也通过一项行动纲领，以应对阿尔卑斯山地区的气候变暖。

新出台的具体措施包括：改善氟化气体的收集封存，包括提高冰箱生产厂商改善氟密封防泄的标准，以及对空调、消防设备定期检查；严格要求生产商和进出口商提供有关氟气体的信息，并由各成员国的职能部门监督；当收集封存难以实现或使用氟化气体不具备充足理由时，对上市和使用实行限制，包括汽车车胎充气、一次性集装箱内、新生产的消防原料、直接排放

海洋的生态恶化

阿拉斯加地区风暴过后

不加封闭的制冷设备、制造双层窗户的内充气体等使用的氟气体等；在新造车辆的空调制冷设备中，从2009年到2013年间，逐步取代氟化气体HFC－134a的使用。

欧盟还将加强对涉及氟气体生产和技术监督人员的培训。

◣ 将二氧化碳"锁住"

由于工业发展无可避免地会制造出二氧化碳，使温室效应日益严重，因此一直以来科学家们绞尽脑汁设法将二氧化碳"锁住"，将大气中的二氧化碳全部吸纳起来，不让二氧化碳跑出来危害地球，减轻温室效应。

为此，科学家们想出各种各样的点子，比如将这些所谓的温室气体存放在某种矿物内和废弃的油田里，而且可以把这些二氧化碳注入贫瘠的土壤中来培育植物，也可以把二氧化碳注入海洋里的地层之中。

到目前为止，制造大量二氧化碳的工厂还不需要自行解决制造出来的废气。美国的能源部底下有15个实验室，其中一个名为国家能源科技实验室，就正在进行回收二氧化碳的研究。研究人员的研究有个很重要的方针，就是处理二氧化碳的成本必须十分低廉，方便以后推广到发展中国家。

研究人员试图制造出极细微的膜，捕获住二氧化碳，不过其他气体却可以通过这层膜，而这可能促使工厂研发滤网。研究人员也正在研究一种可以将二氧化碳转化为氢氧化物等含水的气体。科学家目前也正在考虑将二氧化碳存放在海底的可能性，不过由于海洋是个环保高度敏感区，因此研究人员还需再进一步了解海洋的生态及结构。

不过，老旧的露天矿场、荒废的农地和其他贫瘠的土地看来是不错的场所，它们也可以因二氧化碳而起死回生。负责这部分研究的菲利表示植物在白天是吸二氧化碳吐氧气，然后翠绿而且成长。

美国国内共有7 150万英亩几近荒废的农地，以及160万英亩的废弃露天矿场，菲利的研究团队将利用煤氧化产品来使这些土壤重现生机。

菲利表示，大部分的有机物质都已经消耗殆尽，因此二氧化碳能够代替这些有机物质，让植物生长。就算你不相信全球气候已经因二氧化碳而有所改变，不过把这些不具任何生产力且没有价值的土地变成可生产的生态系统，这是个双赢的局面。

至于其他科学家也尝试利用橄榄石或蛇纹石等矿物来吸纳二

水灾危险区域，汽车只能"漂浮"

氧化碳，当这些矿物接触到二氧化碳时，30分钟后就会变色，不过这项技术目前还停留在实验室的实验阶段。

另外一个可行的办法是将这些二氧化碳存放在废弃的油田中，科学家认为既然油田可以储存原油，也应该可以存放二氧化碳。

研究人员即将与新墨西哥州的石油公司合作，在罗斯威尔附近废弃的油田中注入1万吨的二氧化碳。如果实验成功，美国未来18年内所制造出来的二氧化碳都将可以储放在全国废弃的油田之中。

在美国，由于气温升高，阿拉斯加地区风暴增加，人们被迫迁往高地居住。西部山区的积雪减少，给捕鱼、水力发电、工农业用水带来负面后果。

加利福尼亚州的海平面在过去100年间上升了20厘米，致使26万居民和3 000多千米道路成为"水灾危险区域"。预计到本世纪末，加州海平面将上升约1.4米。

气候变暖造成的淡水紧缺、农业减产也是美国不得不面临的问题。美国能源部长朱棣文表示，如果美国不积极采取行动减缓全球变暖，美国西部和中西部地区的淡水短缺现象将更加严重，加州的大片农场和葡萄园可能在本世纪末消失。

美国政府拟出台一整套应对措施，即启动"总量控制和碳排放交易"体系；每年确定目标，最终在2020年前将温室气体排放降低到1990年水平，并到2050年再减少80%；此外，还将投资150亿美元开发清

加利福尼亚的海

洁能源，发展安全核能与清洁煤炭技术。

美国环保署将重新审议加州的请求，允许其率先实施严格的汽车尾气排放标准，这将对美国10多个州产生示范效应。

上班族不打领带

◼ 上班族不打领带，也不穿西服

由于气温升高，如果地球两极的冰川融化成了水，海平面必然会升高。那时，像香港这样美丽富饶的沿海城市会不会被淹没，还真是个未知数。

香港曾经被评为"世界室内空调温度最低"的地方，有关机构的调查显示：以前的香港，有将近9成的办公室里冷气温度调得太低，大多数都在摄氏21到22度之间，最低的甚至只有17.6摄氏度。这样做，不仅浪费了能源，更是增加了温室效应气体的排放。近些年来这样的现象开始有了变化。

首先香港特区政府一方面呼吁市民把室内温度调至令人体最舒适的26摄氏度，另一方面，建议香港的上班族轻装上班，不打领带，也不穿西服。这样做的好处是，室内的冷气无须开得很低，在里面工作的人也不会感到闷热。

其二，更为行之有效的办法是，香港特区政府已经开始实施把原有的每周6天工作日调整至5天。这样一来，整个香港的空调使用率也会下降很多。总之，香港人已经意识到了环境的重要。

◼ 酸雨可抑制全球变暖

酸雨是工业污染的产物，它意

酸雨中的硫化物对树木伤害很大

味着空气污染和环境恶化。但英国科学家最新研究发现，酸雨对环境的作用并不完全是负面的，它在一定程度上可以抑制因大气温室效应增强所造成的全球变暖现象。

研究发现，酸雨中所含的硫化物能够抑制湿地释放甲烷的过程，从而起到抑制温室效应的作用。

甲烷是导致地球温室效应的罪魁祸首之一，生活在湿地里的一些微生物是生产甲烷的"大户"，这些微生物以湿地土层中的化学物质为生。

湿地里还存在着"吃硫"的细菌，酸雨中所含的硫化物会使这些细菌大量增生，与释放甲烷的微生物争夺营养，抑制它们的生长活动，从而减少甲烷的释放量。实验显示，在小范围湿地里，硫沉淀物能使湿地甲烷释放量减少30%。

为了模拟空气中硫污染物对地球湿地的影响，研究小组在美国宇航局戈达德航天飞行中心建立了一个计算机研究模型。

研究人员评估并预测了从1960年到2080年期间硫污染物与湿地甲烷之间的作用。研究人员发现，早在1960年，空气中的硫化物就在抑制甲烷的释放。而且，这种作用一直在继续。通过模拟实验预测，目前酸雨中的硫化物可以抵消湿地释放出8%的甲烷，到2030年，这一数字将达到15%。

◤ "人造泡沫"可吸收二氧化碳

中国科学家最新研制一种"人造泡沫"，能够跟踪气候变化，吸收大气层中的二氧化碳气体，并产生有望转换为生物燃料的糖物质。

据悉，这项发明受到南美洲泡蟾的泡沫巢穴的启发，目前获得"2010地球奖"，并获得1万美元奖金。

南美洲泡蟾

这种人造泡沫可安装在燃煤发电厂的烟囱中，吸收燃煤过程中产生的二氧化碳，并在这些气体进入大气层影响气候变化之前以糖物质的形式存储起来。

它采用多孔泡沫结构，是当前发电厂将二氧化碳转换糖物质装置的5倍功效。这项发明的设计师是美国辛辛那提州立大学的大卫·温德尔和卡尔罗·蒙特马格诺。

人造泡沫的设计源自南美洲一种泡蟾，关键在于人造泡沫中的蛋白质与南美洲泡蟾的泡沫巢穴中成分相近，温德尔说："这种蛋白质有助于形成泡蟾巢穴中的泡沫，但它不会破坏泡蟾在泡沫巢穴中排出卵细胞的油脂膜，同时对泡沫结构具有保护作用。经分析该泡沫含有来自细菌、植物和真菌类物质的11种不同生化酶，它将二氧化碳转化为果糖和葡萄糖等糖类物质果超过发电厂的效的过滤装置。"

温德尔指出，目前仍无法实现将人造泡沫吸收二氧化碳转化的糖类物质成功地转换为生物燃料。不过未来如果实现这一技术将在很大程度上减缓生产生物燃料的农作物需求压力，同时，相应的像谷物和小麦等主要农作物价格将趋于稳定为全球温室效应做出贡献。

酸雨对于欧洲很多古迹伤害严重

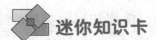 **迷你知识卡**

瓦　斯

　　是古代植物在堆积成煤的初期，纤维素和有机质经厌氧菌的作用分解而成。在高温、高压的环境中，在成煤的同时，由于物理和化学作用，继续生成瓦斯。瓦斯是无色、无味、无臭的气体，但有时可以闻到类似苹果的香味，这是由于芳香族的碳氢气体同瓦斯同时涌出的缘故。

　　瓦斯对空气的相对密度是0.554，渗透能力是空气的1.6倍，难溶于水，不助燃也不能维持呼吸，达到一定浓度时，能使人因缺氧而窒息，并能发生燃烧或爆炸。瓦斯在煤体或围岩中是以游离状态和吸着状态存在的。

碳排放量

　　在生产、运输、使用及回收该产品时所产生的平均温室气体排放量。而动态的碳排放量，则是指每单位货品累积排放的温室气体量，同一产品的各个批次之间会有不同的动态碳排放量。

　　比如一家超市货架上的某只箱子来自某一特定的装瓶厂，而其旁边的另一只箱子则来自数百千米以外的工厂，并且这两只箱子是通过不通过的物流公司运输的，那么它们的碳排放量就具有很大的不同。

酸　雨

　　腐蚀后的森林酸雨正式的名称是为酸性沉降，它可分为"湿沉降"与"干沉降"两大类，前者指的是所有气状污染物或粒状污染物，随着雨、雪、雾或雹等降水型态而落到地面者，后者则是指在不下雨的日子，从空中降下来的落尘所带的酸性物质而言。

第10章 我们拿什么来拯救全球气候

■ 《京都议定书》的诞生

1997年12月条约在日本京都通过，并于1998年3月16日至1999年3月15日间开放签字，共有84国签署，到2009年2月，一共有183个国家通过了该条约，超过全球排放量的61%，引人注目的是美国没有签署该条约。

《京都议定书》需要在占全球温室气体排放量55%以上的至少55个国家批准，才能成为具有法律约束力的国际公约。

中国于1998年5月签署并于2002年8月核准了该议定书。欧盟及其成员国于2002年5月31日正式批准了《京都议定书》。2004年11月5日，俄罗斯总统普京在《京都议定书》上签字，使其正式成为俄罗斯的法律文本。截至2005年8月13日，全球已有142个国家和地区签署该议定书，其中包括30个工业化国家，批准国家的人口数量占全世界总人口的80%。

美国人口仅占全球人口的3%至4%，而排放的二氧化碳却占全球排放量的25%以上，为全球温室气体排放量最大的国家。

美国是全球温室气体排放量最大的国家

有关《京都议定书》的争执

美国曾于1998年签署了《京都议定书》。但2001年3月，布什政府以"减少温室气体排放将会影响美国经济发展"和"发展中国家也应该承担减排和限排温室气体的义务"为借口，宣布拒绝批准《京都议定书》。

2005年2月16日，《京都议定书》正式生效。这是人类历史上首次以法规的形式限制温室气体排放。为了促进各国完成温室气体减排目标，议定书允许采取以下四种减排方式：

一、两个发达国家之间可以进行排放额度买卖的"排放权交易"，即难以完成削减任务的国家，可以花钱从超额完成任务的国家买进超出的额度。

二、以"净排放量"计算温室气体排放量，即从本国实际排放量中扣除森林所吸收的二氧化碳的数量。

三、可以采用绿色开发机制，促使发达国家和发展中国家共同减排温室气体。

四、可以采用"集团方式"，即欧盟内部的许多国家可视为一个整体，采取有的国家削减、有的国家增加的方法，在总体上完成减排任务。

加大海洋"生物泵"作用

日本水产综合研究中心和东京大学的一联合科研小组通过实验开发出一种新方法，可增加海水含铁量，促进植物浮游生物生长，加大海洋吸收二氧化碳的能力，有助于防止地球温室效应。

海洋表层有许多植物浮游生物，可在进行光合作用的同时吸收二氧化碳，因此被称为海洋"生物泵"。但是，海洋植物浮游生物在进行光合作用时需要有铁元素参与，而大部分海域的含铁量不足，致使海洋的植物浮游生物稀少。

由有机物生产、消费、传递、沉降和分解等一系列生物学过程构成的碳从表层向深层的转移称之为生物泵。

海洋的生态环境中，在海水处于垂直稳定状态下，碳要实现从表层向深层的垂直转移需完成两个步骤：一是从溶解态转化为颗粒态；二是沉降。正是一系列的生物学过程完成了这两个步骤。即有生命的颗粒有机碳，大多为单细胞藻类，粒径几个到几十微米。然后，通过食物链，逐级转化为更大的颗粒，浮游动物、鱼等。未被利用的各级产品将死亡、沉降和分解。转化过程中产生的粪便、蜕皮等也构成大颗粒沉降，即非生命颗粒有机的沉降。

生活在不同水层中浮游动物的垂直洄游也构成了有机物由表层向深层的接力传递。由于沉降速度低，小颗粒有机物，如单细胞藻类在离开真光层不远即死亡分解，只有大颗粒有机物才能抵御微生物的分解活动得以到达深层，乃至沉积物中，进入长周期循环或"永世不得翻身"。

光合作用产品中有相当一部分是以溶解有机碳的形式释放到海水中，动植物的代谢活动也产生大量溶解有机碳。它们的一部分将无机化进入再循环，也有相当一部分被异养微生物利用再次转化为颗粒态，微生物自身生物量，并通过微型食物网再进入主食物网。

科学家据此认为，只要海水中的铁含量增加，植物浮游生物就会

受污染的单细胞藻类大量繁殖

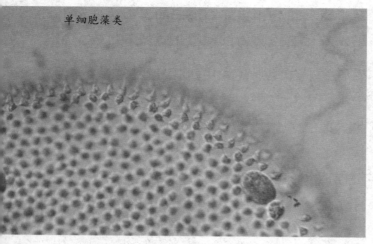

单细胞藻类

随之增加，其吸收二氧化碳的能力就会加大。他们于去年夏天在北太平洋阿留申群岛的缺铁海域进行了实验，在长8千米、宽10千米的海域内投撒了850千克用作食品添加剂的硫酸铁。

结果，该海域的叶绿素浓度由原来的每立升0.7微克猛增到18微克，海中的植物浮游生物及其所消耗的二氧化碳都开始增加，使该海域吸收二氧化碳的能力大大提高，达到了预想的实验结果。

◣ 各国政府减排各有招

"只要全体社会都动员起来，我们就还有时间扭转变化的趋势。"一年前，时任联合国秘书长安南论及气候变化时，信心满怀。一年后，严酷的现实令现任联合国秘书长潘基文忧心忡忡："形势非常严峻，任何拖延都可能使我们越过气候变化的临界点。一旦越过这个临界点，在生态经济和人类方面所付出的代价将大幅增加。"

然而，付出代价的速度远远超出人类的预期，地处中东的巴格达竟然遭遇了百年以来的第一场雪，素以见雪为稀奇的中国南方也饱受了暴雪的威力。

位于苏格兰的纽卡斯尔啤酒公司是全球最大的6家啤酒企业之一，拥有欧洲10大啤酒品牌中的3个品牌。虽然啤酒并不是高耗能产业，但是该公司还是把气候变化作为战略性问题来看待。

欧盟其他国家也在减排上大做文章。德国的一些大城市新年伊始就通过法案，禁止尾气严重超标的汽车在市内行驶。

意大利的米兰更甚，向汽车征收

"尾气污染费"。在利用可再生能源方面，芬兰各种可再生能源使用量已占整个能源消耗量的四分之一。

德国的风力发电量占总发电量的比例从1991年的0.02%猛增到2005年的4.3%，均居世界前列。

美国虽是世界第一温室气体排放国，但在现有温室气体减排技术方面仍具有领先优势。近年来，美国政府致力于发展清洁燃煤、核能和可再生能源。

仅在近6年内，美国就投资了25亿美元研究和开发清洁煤技术。2001年至今，美国风力发电量增加300%，同时降低了太阳能发电成本。在交通减排方面，美国致力于生产乙醇和生物柴油，同时研发出混合动力汽车。

◥ 温室效应中的中国因素

中国目前是仅次于美国的世界第二大温室气体排放国。但人均二氧化碳的排放量只有3650千克，仅为世界平均水平的87%。

虽然全球温室气体排放总量还在上升，但不可否认的是，中国减少温室气体排放的努力显然已经收到了一定效果。

据国家环保总局的数字显示，中国万元GDP能耗由1990年的2 680千克标准煤下降到2005年的1 430千克标准煤，15年间中国累计节约量相当于能源8 000亿千克标准煤，相当于减少约1.8万亿千克二氧化碳的排放。

15年间中国还通过植树造林增加森林覆盖率的方式，吸收50万亿千克的二氧化碳，目前每年森林还在至少吸收5 000亿千克的二氧化碳。如果中国没有采取强有力的减

北太平洋阿留申群岛

人工造林吸收二氧化碳

低，且人均排放一直低于世界平均水平。根据世界资源研究所的研究结果，1950年中国化石燃料燃烧二氧化碳排放量为790亿千克，仅占当时世界总排放量的1.31%；1950—2002年间中国化石燃料燃烧二氧化碳累计排放量占世界同期的9.33%，人均累计二氧化碳排放量6.17万千克，居世界第92位。

排措施，全球大气中至少多7万亿千克二氧化碳的危害。

2004年，中国温室气体排放总量约为6.1亿千克二氧化碳当量，扣除碳汇后的净排放量，约为5.6万亿千克二氧化碳当量，其中二氧化碳排放量约5.07万亿千克，甲烷约为7 200亿千克二氧化碳当量，氧化亚氮约为3 300万亿千克二氧化碳当量。

从1994年到2004年，中国温室气体排放总量的年均增长率约为4%，二氧化碳排放量在温室气体排放总量中所占的比重由1994年的76%上升到2004年的83%。

中国温室气体历史排放量很

根据国际能源机构的统计，2004年中国化石燃料燃烧人均二氧化碳排放量为3 650千克，相当于世界平均水平的87%、经济合作与发展组织国家的33%。

中国通过直接减排和间接减排应对全球气候变暖。直接减排就是通过淘汰高污染高耗能的小企业，或对企业生产进行技术改造，直接减少企业的二氧化碳排放量。间接减排就是通过植树造林，利用森林吸收二氧化碳。为此，中国政府已经投入了上万亿元的资金，仅2006

年用于节能减排的资金就达2 560多亿元。

中国政府一直注重经济增长方式的转变和经济结构的调整，将降低资源和能源消耗、推进清洁生产、防治工业污染作为中国产业政策的重要组成部分，而且通过发展低碳能源和可再生能源，改善能源结构。

中国政府还确立了2006—2010年期间单位GDP能耗降低20%左右和主要污染物排放减少10%的目标。中国还大力发展"清洁能源发展机制"，简称CDM。项目包括新能源、节能和提高能效、甲烷回收利用、分解温室气体三氟甲烷、燃料替代等诸多类型。

长期以来，中国开展全民义务植树运动，目前全国人工造林保存面积达到0.54亿公顷，居世界第一位。

通过植树造林和保护森林，使中国森林面积和蓄积实现了大幅度增长。全国森林面积已达到1.75亿

种植水藻

公顷，森林覆盖率达到18.21%，随着中国森林资源的增长，年吸收二氧化碳的数量在逐年增加。

十种最疯狂的解决方案

为应对全球变暖，科学家们想了许多方法，在此向大家介绍十种最疯狂的解决方案：

1．为地球建造太阳镜

一些科学家提议可以为地球建造太阳镜以应对全球变暖：在赤道附近放置一圈散射太阳光的微粒，以减少太阳对地球的辐射，抵消温室效应产生的热量。这一疯狂想法可能需要花费数万亿美元。

2．在海洋中投入大量铁

进行光合作用的浮游生物利用二氧化碳制造食物，随着这些生物的死亡，二氧化碳也沉入海底。铁元素能够刺激浮游生物的生长，有人建议在海中投入大量铁以刺激大量浮游生物的成长，从而吸收过量二氧化碳。

3．延长飞机航程，降低飞行高度

飞机产生的飞行云隔离了地球

热量的蒸发。一些科学家建议飞机降低飞行高度，这样就不可能形成飞行云。飞行高度降低意味着飞行距离增加，但科学家认为飞行云减少产生的效应将抵消燃油增加带来的损害。

4．在海洋表面种植水藻

环境保护者詹姆斯提出利用抽水管道将海洋深处富氧化水引到海洋表面，养殖大量海藻用于吸收空气中的二氧化碳，然后二氧化碳会随着海藻死后沉入海底。

5．种植假树

科学家提议种植10万棵假树用于吸收排放的二氧化碳，这些假树可以通过过滤器吸收二氧化碳并储存起来。这种假树的模型可能和集装箱一样大，但吸收的二氧化碳将是真正树木能力的数千倍。

6．在空气中注入气雾剂

空中悬浮的某些气雾对大气有降温效果，这些小分子可以拦截一部分太阳辐射，并反射到太空。科学家提议可以模拟火山喷发，向大气中注入大量气雾来应对全球变暖。

7．在厨房中保留蠕虫

可以在厨房保留一定数量的蠕虫，它们以垃圾中的面包碎屑和苹果核为食，然后将其变成复合肥，用于花园施肥或种植室内植物。

8．将二氧化碳埋入地下

一些科学家建议将二氧化碳收

种植假树

垃圾建成的房屋

集起来埋在地下岩层、煤层或空置的煤气田。首先将二氧化碳分离出来，然后进入压缩并注入地下。这一方案不仅成本大，而且存在地下的气体也有渗出的风险。

9. 住在垃圾建成的房屋中

英国科学家制造出一种由垃圾如回收玻璃、下水道淤泥等制成的建筑材料，这样就可以利用废弃物建造房屋，而且比利用石料金属等更加节能。

10. 禁止使用塑料袋和灯泡

为了应对白色污染，利用可回收纸袋或循环使用的环保布袋。更加节能的荧光灯取代白炽灯可以减少温室气体的排放和家庭用电。

◤ "气候集团"问世

一个旨在减少温室气体排放、应对全球变暖问题的国际性组织"气候集团"在伦敦成立。

该组织得到英、德等国政府和汇丰银行、英国石油、壳牌公司等多个金融机构及国际知名企业的支持，将开展全球性合作，加快减少温室气体排放量的工作。

英国首相布莱尔在成立大会上说，"签署《京都议定书》只是各国共同应对全球变暖的第一步。无论是发达国家，还是发展中国家，都应进一步采取措施，为保护环境作出努力。"

该集团负责人史蒂夫·霍华德向媒体介绍说，全球变暖是国际社会面临的长期问题，它的解决不仅依赖于各国政府，企业、组织机构以及个人都有责任为之努力。

一些国家和企业在减少温室气体排放量的过程中发挥着关键作用。我们希望将他们团结在一起，为解决全球气候变暖的问题寻找途径。

◥ 面对全球变暖，中国如何应对

兵来将挡，水来土掩。对自然灾害，能预测预报则最好；无法预测预报的，就只能在灾害发生后尽量减少灾害造成的损失。这当然是人类应对全球变暖的基本方针，也是中国可以采

取的基本方针。但对中国来说，无论采取什么具体办法，面临的困难都会比其他国家特别是发达国家更大。

由于人类对全球变暖及其引发的一系列变化的研究还刚刚开始，对不少异常气候和灾害的成因和相互关系还缺乏了解，更谈不上做出准确的预测预报，很多应对措施和经验具有盲目性、偶然性，只能量力而行。

对财力雄厚、资源丰富的富国来说，投入更多的钱财和资源，在发展中留下更大的余地，不失为一种合理的选择。但对中国这样一个人口众多、人均资源

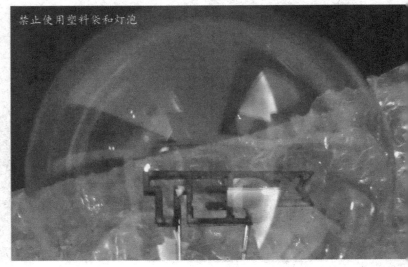

禁止使用塑料袋和灯泡

有限，又处于发展中的国家，往往面临着两难选择。

要提高防灾抗灾能力，就得增加粮食和物资的储备，建造防灾抗灾的专用设施，提高建筑物的抗灾指标，将居民和重要设施迁离潜在的灾区，新的建设项目避开可能的灾区。这些都需要大量资金和物资，投资往往会成倍甚至成十倍地增加。

例如江河堤坝等水利设施的抗洪标准当然越高越好，将抗50年一遇洪灾的标准提高到抗100年一遇、500年一遇，甚至1 000年一遇，标准越高，安全越有保障。

但如果标准定的太高，投入的资金超过了可能造成的损失，也是一种浪费。究竟采用什么标准，还得全面权衡利弊，包括平衡近期和远期的投入效益。

中国能用于建设和发展的资金是有限的，近年来在社会保障、农业、教育、科技、国防安全等方面都需要大量资金，在防灾抗灾方面投入多了，势必影响或推迟那些方面的发展。中国在确定自己的战略目标时，显然不能不认真考虑全球变暖这一因素。

另一个重要因素是二氧化碳

禁止使用塑料袋

等温室气体的排放量。《京都协议》在确认二氧化碳的过量排放导致全球变暖的前提下，规定了各国削减排放量的目标。

换上节能灯

目前中国的排放量居世界第二位，仅次于美国，只是由于中国尚未成为发达国家而没有承担削减的义务。

从中国和平崛起和当一个负责任的大国的目标看，中国迟早要承担削减义务。但严峻的事实却是，由于中国的人均能源和资源的消耗量远低于美国，利用率也低于美国，一方面中国不得不继续扩大能源和资源的消耗量，另一方面又很难将利用率提高到美国的水平。

如果现行的发展模式不作根本性的改变，要不了多少年，中国必定会取代美国，成为世界上二氧化碳排放量最多的国家，成为众矢之的。

要是中国继续热衷于当"世界工厂"，一些地区继续追求某些制造业的世界第一，这一天会来得更早。

从小事做起，从我做起

美国《时代》周刊近日提出了《全球变暖生存指导手册》，被认为是个人减缓全球变暖的最佳方案，也就是说人人都可以从以下几方面为减缓全球变暖作出贡献：

1．将食物变成燃料

玉米皮会不会比玉米更适合生产能量呢？目前，生物燃料乙醇已经成为了石油燃料的代用品，美国将利用粮食作物生产这种燃料，希望最终可以借助乙醇来改变国民大肆使用石油的习惯，并且减少数百万吨的二氧化碳排放。

在美国，每年所产的52亿升玉米中有超过一半都被制成了乙醇，许多新型车辆都能够使用E10燃料。

2．换上节能灯

家庭节能产品中的明星当属紧凑型荧光灯管（CFL）。这种节能灯价格是普通白炽灯的3～5倍，但是其耗电量只有白炽灯的四分之一，寿命也比白炽灯更持久。需要注意的是，每个节能灯泡含有5毫克的水银，因此不能随便丢弃到普通垃圾堆中，得丢到可回收的垃圾桶里。

3．拉起晾衣绳

最近由英国剑桥大学制造业研究所进行的一项研究发现，和衣服有关的能量消耗中有60%是因为洗衣和干衣。

一件T恤

衫的"一生"中，能够导致大气中多出4千克二氧化碳。环保方案并非不洗衣服，而是尽量不要用热水洗、一次性洗多件衣服。洗好衣服后，不要使用干衣机，而是把衣服晾起来，让其自然风干。通过这些方法，就可以把洗衣服导致的二氧化碳排放量减少90%。

4．坐公共汽车

坐公共汽车上班也是环保方法。美国所排放的二氧化碳总量中有超过30%来自交通。根据美国公共交通协会介绍，如果大家都不开车，而是使用公共交通工具，那每年可以节省大约52亿升汽油，即减少15亿千克二氧化碳的排放。

拉起晾衣绳

少吃烤肉

5．多开窗少开空调

每个美国人每年的能源消耗相当于排放2.5万千克二氧化碳，其中大部分是家庭耗能。减少耗能的办法很简单：多开窗，少开空调；冬天暖气温度别开太高，夏天空调温度别开太低；动手洗碗，少用洗碗机；把热水器的温度稍微调低些；把门窗的挡风雨条补严实。如果这些都能做到的话，每家每户的二氧化碳排放量锐减为1 814千克都并非不可能。

6．少吃烤肉

根据联合国粮食与农业组织的一份报告，肉类行业制造了全球温室气体总量的18%，这比全球交通运输制造的温室还要多。肉类行业制造的温室气体中，大部分是粪肥产生的一氧化二氮和甲烷气体。甲烷对大气层造成的温室作用高达二氧化碳的23倍，而一氧化二氮的温室效果则是二氧化碳的296倍！目前世界上共有150亿头牛、170亿头绵羊和山羊，这些数字仍在迅速增加。根据美国芝加哥大学的研究，若一个人变成素食主义者，他每年的二氧化碳排放量将减为150万千克，而使用一辆普通混合动力车每年的排放量为1 000千克。

7．对塑料袋说"不"

每年塑料袋的使用量高达5 000亿个，其中只有不到3%得以回收再使用，剩下的塑料袋则被当成垃圾掩埋在地下。

这些塑料袋通常由聚乙烯制成，需要超过1 000年时间来进行生物降解，其间还会产生温室气体。环保方法是尽量使用布袋或者可降解材料制成的袋子。

电脑显示器

8. 出门要关灯

不需使用的时候关掉电器的电源，这样做不但能省电、延长电器的使用寿命、节省费用，还能减少温室气体排放。下班后，绕办公室走一圈，确保所有的电脑、显示器、台灯、打印机和传真机都已关掉。

在电器当中，电脑显示屏可不是盏省油的灯。根据美国能源部的数据显示，电脑、电视待机时的用电量占家庭总用电量的75%。普通的台式电脑仅主机每天就能耗电60～250瓦特。如果每天只开4小时的电脑而非24小时开着，每年就能节省70美元。不用的时候关掉电脑，每年能减排二氧化碳83%，下降为63千克。

此外，还应积极提倡健康、环保的休闲娱乐方式，坚决抵制严重消耗水资源、森林资源、土地资源的娱乐方式和娱乐场所，杜绝砍伐森林修建高尔夫球场、盲目跟风修建人造雪场等现象。

迷你知识卡

生物泵

由有机体所产生的，经过消费、传递和分解等一系列生物学过程构成的碳从海洋表层向深层转移或沉降的整个过程。

水藻

叶绿素

　　是一类与光合作用有关的最重要的色素。光合作用是通过合成一些有机化合物将光能转变为化学能的过程。叶绿素实际上存在于所有能营造光合作用的生物体，包括绿色植物、原核的蓝绿藻（蓝菌）和真核的藻类。叶绿素从光中吸收能量，然后能量被用来将二氧化碳转变为碳水化合物。

水　藻

　　水生藻类植物。藻的一种，水中很多。水藻叶子七八厘米长，两两对，叶子细小如鱼鳃状。

图书在版编目（CIP）数据

图说人类危机之温室效应/闻婷，王颖编著．——长春：吉林
出版集团有限责任公司，2013.4
（中华青少年科学文化博览丛书／沈丽颖主编．环保卷）

ISBN 978-7-5463-9526-5-02

Ⅰ．①图…　Ⅱ．①闻…②王…Ⅲ．①温室效应—青年读物②温
室效应—少年读物Ⅳ．①X16-49

中国版本图书馆 CIP 数据核字（2013）第 039545 号

图说人类危机之温室效应

作　　者／闻　婷　王　颖
责任编辑／张西琳
开　　本／710mm×1000mm　1/16
印　　张／10
字　　数／150千字
版　　次／2012年12月第1版
印　　次／2021年5月第3次

出　　版／吉林出版集团股份有限公司（长春市福祉大路5788号龙腾国际A座）
发　　行／吉林音像出版社有限责任公司
地　　址／长春市福祉大路5788号龙腾国际A座13楼　　邮编：130117
印　　刷／三河市华晨印务有限公司

ISBN 978-7-5463-9526-5-02　　　　定价／39.80元